建筑工程造价控制与招投标管理研究

黄利义　李燚　王炼　主编

延边大学出版社

图书在版编目（CIP）数据

建筑工程造价控制与招投标管理研究 / 黄利义，李燚，王炼主编. -- 延吉 ： 延边大学出版社, 2023.7
ISBN 978-7-230-05245-0

Ⅰ. ①建… Ⅱ. ①黄… ②李… ③王… Ⅲ. ①建筑工程－工程造价控制－研究②建筑工程－招标－研究③建筑工程－投标－研究 Ⅳ. ①TU723

中国国家版本馆CIP数据核字(2023)第141719号

建筑工程造价控制与招投标管理研究

主　　编：黄利义　李　燚　王　炼
责任编辑：董　强
封面设计：文合文化
出版发行：延边大学出版社
社　　址：吉林省延吉市公园路977号　　邮　　编：133002
网　　址：http://www.ydcbs.com　　E-mail：ydcbs@ydcbs.com
电　　话：0433-2732435　　传　　真：0433-2732434
印　　刷：三河市嵩川印刷有限公司
开　　本：710×1000　1/16
印　　张：16
字　　数：350 千字
版　　次：2023 年 7 月 第 1 版
印　　次：2023 年 7 月 第 1 次印刷
书　　号：ISBN 978-7-230-05245-0

定价：65.00元

编 者 信 息

主　　编：黄利义　李　燚　王　炼

副 主 编：李　勇　张海涛　李家昱　郑　子

宋　唯　万启飞　王广强　黄海浪

编　　委：黄　旭

编写单位：浙江同信工程项目管理有限公司

聊城市茌平区建设行业发展保障中心

珠海大横琴城市新中心发展有限公司

中煤科工集团北京华宇工程有限公司

北京国际贸易有限公司

中正信造价咨询有限公司

中铁二局集团有限公司

中建八局设计管理总院

前　　言

工程造价是衡量整个建筑工程项目的重要标准，换句话说，工程造价将直接影响建筑工程项目的整体建造和规划重点，也将直接决定业主的切身利益。工程造价控制是有效控制建筑工程项目施工成本，使建筑工程项目利益最大化的有效手段，也是建筑企业在市场竞争中保持自身竞争优势的重要途径。但在实际操作中，建筑工程造价控制涉及范围广、综合性强，需要贯穿整个建筑工程项目的始终，其难度可见一斑。建筑企业要想实现可持续发展，就必须重视建筑工程造价控制工作。另外，招投标管理也是提高建筑工程质量的重要手段。在我国市场经济蓬勃发展的时代背景下，要想在提高建筑工程质量的基础上实现建筑行业的良性竞争，就必须重视招投标管理工作。基于此，本书进行了相关研究。

本书共分为九章：第一章为建筑工程造价控制概述，第二至五章分别论述了建筑工程决策阶段造价控制、建筑工程设计阶段的造价控制、建筑工程施工阶段的造价控制、建筑工程竣工阶段的造价控制等内容，第六章介绍了营改增与建筑工程造价的相关内容，第七章介绍了建筑工程招投标程序管理的相关内容，第八章介绍了建筑工程开标、评标与定标的相关内容，第九章论述了建筑工程招投标规范化管理的相关内容。

在新时代背景下，建筑企业应积极提出具有高度针对性的措施，做好工程造价控制工作及招投标管理工作，进一步提高我国建筑工程的整体质量。

笔者

2023 年 5 月

目　　录

第一章　建筑工程造价控制概述

第一节　建筑工程造价控制的基础知识

建筑工程项目是一项系统工程，具有投资数额巨大、投资周期长、投资较为单一的特点，相应地，建筑工程造价控制也是一个系统的、全方位的、整体性的过程，在各个不同的项目阶段发挥着重要作用。目前，我国的建筑工程造价控制还存在一些问题，将直接影响建筑工程造价控制工作的有效开展。因此，对建筑工程全过程造价控制工作进行研究十分必要。

一、建筑工程造价的含义及特点

（一）建筑工程造价的含义

所谓建筑工程造价，是指建筑工程的建造价格。这里所说的建筑工程，泛指一切建筑项目，它的范围以及内涵都是不确定的。

建筑工程造价是以市场经济作为大前提的，它具有两层含义。

1.第一层含义

这层含义是从投资方的角度来定义的，它认为建筑工程造价是通过建设形成的全部固定资产所需一次性费用的总和，即建设一项工程的所有固定资产投资费用。投资者一旦选定了投资项目，就必须通过项目评估进行决策、勘察设计招标、工程施工招标、验收等一系列投资管理活动来保证投资项目的预期收益。在这一系列的投资管理活动中所花费的全部费用最终形成了无形资产和固定资产。所有这些活动所产生的费用就是工程项目的总造价，因此可以说，建筑工程的总投资费用就是建筑工程造价，建筑工程造价就是建筑项目固定资产投资。

2.第二层含义

这层含义是以社会主义市场经济和商品经济作为前提的，从市场交易的角度看，它认为建筑工程造价就是工程价格，即建成一项工程，预计或实际在土地市场、设备市场、技术劳务市场以及工程承发包市场等各项交易活动中所形成的建筑工程的价格。它将建筑工程视为一种特定的商品并作为市场交易对象，通过招投标等交易方式，并在实施过程中进行多次预估，最终通过市场来决定价格。

通常认为，建筑工程的承发包价格就是建筑工程造价。它是投资者通过招投标“出售”项目时进行定价的基础。然而，对于承包商来说，建筑工程造价是他们出售商品以及劳务的总价格，或是指有特定范围的工程造价，即建筑安装工程总造价。

投资者和供应商在工程建设方面的市场行为也正是以建筑工程造价的两层含义作为理论依据的。当政府要求降低工程造价时，实际上也就是站在投资者的角度（作为需求主体）来考虑的；当承包商要求提高工程造价从而获得更多利润时，则是为了实现市场供给的目标。这也是市场运行机制发展的必然结果。利益主体不同，目标也是不同的。同时，建筑工程造价的两层含义也否定了单一计划经济理论。为了实现不同利益主体的目标，建筑工程企业要使工程造价相关管理内容更加充实，管理办法更加完善，这也是我们区别建筑工程造价两层含义的现实意义。

（二）建筑工程造价的特点

根据建筑工程项目自身的特点，可以总结出建筑工程造价的特点。

1.建筑工程造价的大额性

建筑工程项目一般都是实物庞大，造价很高。这些项目动辄数千万甚至数亿元人民币，有些特大型工程项目的造价更是高达上千亿元人民币。建筑工程造价的高额性既影响了各方面的重大经济利益，又对宏观经济产生了巨大影响。正是由于这个特点才决定了建筑工程造价的特殊性，同时也表明了建筑工程造价控制意义重大。

2.建筑工程造价的个别性、差异性

就像没有完全相同的两个人一样，也没有任何两个建筑工程项目具有完全相同的功能、用途及规模。正是因为任何一项建筑工程项目在结构、造型、空间、设备配置以及装饰方面都有特定的要求，所以才造就了建筑工程内容以及实物形态的个别性和差异性。正是建筑工程内容以及实物形态的差异性决定了建筑工程造价的差异性。建筑工程建设时间、所处位置的不同，使得建筑工程项目的差异性更加明显。

3.建筑工程造价的动态性

任何建筑工程项目都必须经过从决策到竣工的建设周期，在这个建设周期中会出现很多影响工程造价的因素，比如说工程的变更、设备材料价格的浮动、人工费用的变化、利率的变化等。因此，建筑工程造价是随着建设周期不同而处于一个动态的变化过程中，建筑工程只有竣工后进行结算，才能最终确定它的价格。

4.建筑工程造价的层次性

建筑工程的层次性决定了工程造价的层次性。一个建筑工程项目通常包含多项具有独立效能的单项工程，如写字楼、车间、住宅楼等。同时，一个单项工程又包含多个能发挥各自专业效能的单位工程，如土建工程、电气安装工程、通风工程等。为了适应建筑工程的层次性，建筑工程造价也分单位工程造价、

单项工程造价以及建筑项目总造价三个层次。如果将专业分工进行细化，分项工程这一单位工程的组成部分同时可以作为交换对象，如大型的土方工程、建筑基础工程以及项目的装饰工程等。这样一来，建筑工程造价就增加了分项工程及分部工程而成了五个层次。就算是从建筑工程造价控制及建筑工程造价计算的角度来看，也可以明显看出建筑工程造价的层次性。

5.建筑工程造价的兼容性

建筑工程造价的兼容性一方面体现在它具有两层含义，另一方面体现在它的构成因素具有广泛性和复杂性。工程造价的复杂性主要体现在两个方面，首先是它的成本构成非常复杂，其中包括建设用地费用支出、建筑项目规划设计费用等，政府相关政策费用也占了不小的比例。其次，它的盈利的构成也相当复杂，这里不再一一介绍。

二、建筑工程造价控制的基本内容及要点

（一）建筑工程造价控制的基本内容

建筑工程造价控制的基本内容包括合理确定建筑工程造价和有效控制建筑工程造价两个方面。

1.合理确定建筑工程造价

合理确定建筑工程造价的实质是合理地确定建筑工程项目的投资估算、造价概算、造价预算以及承包合同价、竣工价等。

第一，项目建议书阶段，按照规定，这个阶段要编制初步的投资估算，并经相关部门批准，作为拟建工程项目前期工作开展的依据。

第二，可行性研究阶段，这个阶段的建筑工程造价控制是按照规定编制投资估算，且经相关部门批准。

第三，设计阶段，按照相关规定编制设计总概算，且经相关部门批准，也

就是确定拟建项目造价的最高限额。在招投标承包制下，即确定承包单位签订的承包合同，其合同总价也应在最高限价之内。

第四，施工图设计阶段，按照相关规定编制施工图预算，确保此阶段的预算造价不超过经批准的设计总概算。对于以施工图预算为基础而进行招投标的工程，其承包合同价就是工程项目造价。

第五，工程实施阶段，以合同价为基础，同时还必须考虑物价上涨等因素，如果涉及实际施工发生的费用，应根据承包方实际工作量的完成情况，合理确定工程结算价。

第六，竣工验收阶段，将建筑工程建设中所有的实际花费进行汇总，编写竣工结算，真实、全面地体现工程项目造价。

2.有效控制建筑工程造价

所谓有效控制建筑工程造价，就是在建筑项目的各项活动中，充分优化项目方案，同时采取一定的措施将建筑工程造价控制在核定的合理造价范围内。具体来说，就是要选择投资估算价以及初步设计概预算造价来控制设计方案；采用造价控制技术来设计并修正初步设计概预算造价；采用修正概预算造价的方式控制预算造价以及施工图设计，以便于合理使用人力、财力、物力，从而获得更大的项目投资效益。这里所说的控制建筑工程造价，强调的是控制项目投资。要想有效控制建筑工程造价，应遵循以下原则。

（1）以策划、设计阶段为重点

项目建设的整个过程都必须严格控制建筑工程造价，并且要突出重点。很显然，项目投资决策是整个项目造价控制的关键，一旦制定了项目的投资决策，设计阶段就成了控制项目造价的关键。设计费用只占总费用的1%，但是1%的设计费用却在很大程度上影响着整个工程项目的造价。由此不难发现，保证整个建筑工程项目效益的关键是设计质量。

（2）主动控制

一般来说，项目造价工程师最基本的任务就是有效控制建筑工程项目的工期、项目造价以及工程质量。应根据建筑工程项目的客观条件以及投资方的要求进行综合考虑，制定一套符合现实条件的衡量标准。建筑工程造价控制只有符合这套衡量标准，才能取得好的成绩。

（3）技术与经济相结合

应从技术、组织及经济等各个方面来有效地控制建筑工程造价。首先，在技术方面应该重视多设计方案选择，严格审查、监督初步设计、详细设计、技术设计、施工图设计、施工组织设计等各项设计方案，充分运用技术条件深入研究如何节约投资；其次，在组织方面必须明确项目的组织结构，明确建筑工程造价的控制者及其任务，明确各职能管理部门的分工；再次，在经济方面应动态地比较工程造价的计划值及实际值，严格控制各项费用支出，采取强有力的奖励措施节约投资。

（二）建筑工程造价控制的要点

合理确定并有效控制建筑工程造价是建筑工程造价控制的基本内容，建筑工程造价控制必须围绕这一基本内容展开，具体的操作要点如下。

第一，可行性研究阶段应认真选择建设方案，确定好投资估算，充分考虑风险，做好投资分析。

第二，认真组织相应项目的招标工作，合理选择项目的咨询单位、设计单位以及承建单位。

第三，贯彻国家相关建设方针，合理选定工程设计标准和建设标准。

第四，对初步设计推行“量财设计”，合理运用新的技术、方法及材料对设计方案进行优化，仔细编写、确定项目概算，充分地对项目投资进行估算。

第五，合理处理各相关方面的关系，处理好征地、拆迁等相关配套工作中的经济关系。

第六，管好、用好建设资金，保证资金合理、有效地得到利用，减少资金的利息支出以及其他不必要的损失。

第七，严格履行合同，切实做好相应项目的工程价款索赔等结算工作。

第八，专业化、社会化的咨询机构要履行自己的职责，积极为项目法人开展工程造价控制工作提供全方位、全过程的造价咨询服务，恪守职业道德，确保服务质量。

第九，认真做好造价工程师的选拔工作，并组织好造价工程师培养工作，从而提高人员素质及工作水平。

三、建筑工程造价控制的意义及原则

（一）建筑工程造价控制的意义

建筑工程造价控制的目的是降低施工成本，提高经济效益，使成本达到预期目标。要让成本降低，一是要控制成本支出，制订相应的成本计划，二是必须增加工程预算收入，三是要在保证质量的前提下厉行节约，“三管”齐下，这样才能有效提高经济效益，降低成本。

建筑工程造价控制的意义主要体现在以下方面。

1.监督工程收支，实现计划利润

在实际施工过程中，采取科学的工程造价控制措施，更便于监督工程收支，能让投标阶段的估算利润和概算利润（计划利润）变成现实利润。

2.做好盈亏预测，指导工程施工

工程造价控制有利于在施工成本形成过程中及时、准确地做好盈亏分析与预测，并认真贯彻到施工过程中，指导施工生产。

3.积累相关资料，为今后投标做铺垫

工程造价控制可以用来检验成本预算、投标预算的正确性，便于在施工中采取一系列的方法、手段、措施等降低成本，提高经济效益，解决施工过程中的成本问题，这些都是企业和施工单位宝贵的经验，能为今后的投标与成本控

制提供参考，这对于刚刚成立的新公司来说尤为重要。

（二）建筑工程造价控制的原则

1.开源与节流相结合的原则

建筑工程建设过程中，每发生一笔金额较大的成本费用，都应检查是否有与之相对应的预算收入，是否支大于收。在成本核算中，必须进行实际成本与预算收入的对比分析，找出成本节超原因，纠正成本偏差，降低项目成本。

2.全面成本控制的原则

全面成本控制是全项目、全员和全过程的控制，建筑工程项目的全过程造价控制要求成本控制要随着项目施工进展的各个阶段连续进行，既不能疏漏，又不能时紧时松，成本控制应强调项目的中间控制即动态控制。如果竣工了再来讲成本核算，由于盈亏已基本成定局，即使纠正成本偏差也为时已晚。

3.目标管理原则

在建筑工程项目开工之前，要设定一个期望目标，目标的设定应切合实际情况，要有一定的可行性，越具体越好，要落实到各部门、各班组，甚至落实到个人；适时对目标进行检查，发现问题，及时纠正，将建筑工程造价控制置于一个良性循环中。

4.责、权、利相结合的原则

在建筑工程造价控制过程中，项目各部门、各班组有权利和义务在各自工作范围内进行造价控制，从而形成造价控制责任网络。公司及项目部应对造价控制成绩较好的部门、班组、人员进行奖励，差的要进行处罚。只有真正做到责、权、利相结合，才能使建筑工程造价控制真正落到实处。

5.动态控制原则

建筑工程造价控制应强调项目的中间控制，即动态控制。例如，施工准备阶段的成本控制，是根据施工组织设计的具体内容确定成本目标、编制成本计划、制订成本控制方案，为今后的成本控制提供可靠的依据；而竣工阶段的成本控制由于成本盈亏已基本成定局，即使发生偏差也无法纠正。

6.节约原则

节约人力、物力、财力的消耗，是提高经济效益的核心手段，也是建筑工程造价控制最基本的原则。

四、建筑工程全过程造价控制

（一）全过程造价控制理念的提出

全过程造价控制理念最早是由理查德・威斯特尼（Richard Westnedge）于1991年提出的，当时人们对全过程造价控制的理解如下：企业和相关部门通过各种技术知识与手段对项目中使用的资源、投入、收入以及风险进行规划与管理。根据理查德・威斯特尼的思想，建筑工程造价控制是全方位的，涉及工程项目的各个环节和要素，如项目方、承包方的利益以及施工部门、造价部门、工程方之间的关系。按照全过程造价控制的思想，建筑工程造价控制工作涉及工程项目的全过程，涉及与工程建设有关的各个要素，涉及业主、承包商、工程师的利益，涉及建设单位、施工单位、设计单位、咨询单位之间的关系。

（二）全过程造价控制的概念及基本理论

1.全过程造价控制的概念

经过多年的发展与实践，全过程造价控制的概念逐步成形。目前，对全过程造价控制的普遍观点是：全过程造价控制以对工程进行可行性分析为起点，包括对初步方案进行修正、项目设计、施工图制定、对项目进行验收等环节，直至项目投产，是对整个建设过程进行造价控制。在实施全过程造价控制的过程中，投资者是其中最关键的因素，只有在他们的努力下，管理工作才能做好。

2.全过程造价控制的基本理论

全过程造价控制是全面造价控制中最常用的理论，也是本节即将应用的理论。其核心思想是将整个项目按照特定的步骤分为多个阶段，这样一来，对项目的造价控制就可以看作对各个阶段的造价控制。由于项目实施的各个阶段具有其自身的特点，因此造价控制的方法也存在一定的区别。但是不管造价控制的手段如何变动，各个阶段的活动的资源消耗都会直接影响整个项目的造价，即只要每个阶段的造价控制都是最有效的，整个项目的造价控制就是最佳的。因此，对各个阶段进行造价控制，就能实现对整个项目的造价控制。

第二节　建筑工程造价控制的发展历史及改革建议

目前，建筑工程造价控制现状及市场经济的发展现状，都要求在建筑工程造价控制方面深化改革，向前推进。建筑工程造价控制，尤其是设计阶段的造价控制，完全由设计人员所用的工艺技术、材料、设备、结构类型等因素决定。不同的工艺、不同的施工方法，其造价也不相同。随着时代的进步，建筑工程造价控制也在不断完善，本节简单介绍建筑工程造价控制的发展历史，并提出改革建议，以供参考。

一、建筑工程造价控制的发展历史

改革开放以前，我国建筑工程造价控制模式一直沿用苏联模式——基本建设概预算制度。改革开放后，建筑工程造价控制经历了计划经济时期的概预算管理、工程定额管理的“量价统一”、工程造价控制的“量价分离”等几个阶段，目前逐步过渡到以市场机制为主导、由政府职能部门实行协调监督、与国际惯例全面接轨的新管理模式。我国为适应20世纪50年代初期大规模的基础建设而建立工程造价体制，并经过长期的工程实践，形成了具有计划经济特色的工程造价控制体制并日臻完善，对合理确定和有效控制建筑工程造价起到了积极作用。

中华人民共和国成立以来，我国建筑工程造价控制经历了以下几个阶段。

一是从建国初期到20世纪50年代中期，是无统一预算定额与单价情况下的工程造价、计价模式。这一时期主要是通过设计图计算出的工程量来确定工程造价。当时计算工程量没有统一的规则，只是由估价员根据企业的累积资料和本人的工作经验，结合市场行情进行工程报价，在和业主协商后，确定最终的工程造价。

二是从20世纪50年代到20世纪90年代初期，是有政府统一预算定额与单价情况下的工程造价计价模式，基本属于政府决定造价。这一阶段延续的时间最长，并且影响最为深远。当时的工程计价基本上是在统一预算定额与单价情况下进行的，因此工程造价的确定主要是按设计图及统一的工程量计算规则计算工程量，并套用统一的预算定额与单价，计算出工程直接费用，再按规定计算间接费用及有关费用，最终确定工程的概算造价或预算造价，并在竣工后编制决算，经审核后的决算即为工程的最终造价。

三是从20世纪90年代至2003年，这段时间造价控制沿袭了以前的造价控制方法，同时随着我国社会主义市场经济的发展，国家针对传统的预算定额计价模式提出了“控制量，放开价，引入竞争”的基本改革思路。各地在编制新预算定额的基础上，明确规定预算定额单价中的人工、材料、机械价格作为编制期的基期价格，并定期发布当月市场价格信息进行动态指导，在规定的幅度内予以调整，同时在引入竞争机制方面做了新的尝试。

四是 2003 年 3 月至今，我国不断进行工程造价控制改革，有关部门本着国家宏观调控、市场竞争形成价格的原则制定了一系列国家标准。2013 年，住房和城乡建设部编写颁发《建设工程工程量清单计价规范》（GB 50500-2013），其中规定："使用国有资金投资的建设工程发承包，必须采用工程量清单计价。非国有资金投资的建设工程，宜采用工程量清单计价。不采用工程量清单计价的建设工程，应执行除工程量清单等专门性规定外的其他规定。工程量清单应采用综合单价计价。措施项目中的安全文明施工费必须按国家或省级、行业建设主管部门的规定计算，不得作为竞争性费用。规费和税金必须按国家或省级、行业建设主管部门的规定计算，不得作为竞争性费用。"

二、建筑工程造价控制的改革建议

结合建筑工程造价控制改革的现状以及建筑工程造价控制国际化、信息化、网络化的需求，我国建筑工程造价控制可以从以下几个方面进行改革。

（一）加强对造价行业的监督管理

首先，必须加强对建筑工程造价咨询单位的监督管理，规范建筑工程造价咨询单位的行为，发展健康的建筑工程造价咨询业。其次，我国建筑业已走出国门，参与国际竞争，建筑工程造价控制相关部门应加强规章制度建设，与国际惯例全面接轨。面对变幻莫测的国际竞争市场，只有懂得并吃透国际法规、标准等，才有可能按国际惯例进入国际市场，同时受到国际法律的保护。

（二）可实行监理和造价控制制度

现有建筑工程项目大部分都是在施工阶段进行监理和造价控制，然而项目建设前期却是建筑工程造价控制的重点。此阶段应做好建筑工程项目的可行性研究，保证项目决策的深度；采用科学的估算方法和可靠的数据资料，合理地计算投资估算，保证投资估算充足，这样才能保证其他阶段的工程造价控制在合理范围内，从而实现投资目标。此外，还应对设计工作进行监督与审查，优化设计方案和施工工艺，使投资方案获得更好的经济效果。

（三）提高建筑工程造价从业人员的综合素质

建筑工程造价从业人员除了要对本专业的知识有深入的了解，还应对设计内容、设计过程、施工技术、项目管理、法律法规等方面的知识有所了解。在市场经济体制逐步完善、投资日趋多元化的今天，只有具备多层次知识的人才才能合理地进行建筑工程造价控制，为建筑工程项目提供科学的投资方案。

（四）与国际管理、法规、标准接轨

建筑行业在走出国门与国际管理、法规、标准接轨的同时，可以结合国际形势和自身情况进一步完善和修订施工合同文本，以满足建筑市场的需求，规范施工合同的订立和履行行为，保护建筑工程发包人和承包人的合法权益，保障工程质量和施工安全，减少经济纠纷。此外，还应加强对施工合同备案的管理，加大对阴阳合同的查处力度。

（五）建筑工程造价控制信息化、网络化

目前，西方发达国家已将计算机网络技术应用到了建筑工程造价控制中，在互联网上开展招投标工作，实现了建筑工程造价控制的网络化、虚拟化。国内建筑企业也应加快信息网建设，实现建筑工程造价控制的信息化、网络化。

总而言之，就我国的建筑工程造价控制而言，它是在特殊历史条件下发展起来的。可以说，已经从被动消极地反映建筑工程设计和施工的估价活动，发展到能动地影响建筑工程设计和施工，发挥建筑工程造价控制的作用。展望未来，任重而道远。我们应在已有建筑工程造价控制的基础上，研究分析，吸收国外的成功经验，与我国实际情况相结合，建立具有中国特色的社会主义工程造价控制模式。

第三节　建筑工程造价管理的现状及改进策略

建筑工程造价控制对建筑行业的整体发展具有极强的推动与促进作用，而建筑行业是社会主义市场经济的重要组成部分，也是政府宏观调控的重点行业。科学地进行建筑工程造价控制，有利于引导建筑行业健康发展，增强政府的宏观调控能力。

一、建筑工程造价控制的现状

建筑工程造价控制就是运用科学技术原理和方法，在统一目标、各负其责的原则下，为确保建筑工程的经济效益和有关各方的经济权益所进行的全过程、全方位的和符合政策及客观规律的全部业务行为和组织活动。在传统的计划经济时期，建筑行业不被视为独立的物质生产部门，在建筑工程造价控制方面，往往采用行政管理计划的定价方式，因此人们对建筑工程造价控制缺乏足够的重视。

改革开放以来，随着社会主义市场经济体制的建立，传统的建筑工程管理模式受到了极大冲击，打开国门走出去，引进先进科学的管理模式成为潮流，人们开始重新认识有关工程造价控制的问题。但由于我国实行的是概预算定额管理模式，普遍存在的问题是建筑工程造价难以客观、真实地得到反映，概算超预算，预算超概算，决算超预算，突破计划投资的项目比比皆是。由于确定的工程投资缺乏科学性和合理性，工程实施存在诸多问题。这些问题都造成了建筑工程造价控制人才素质较低等问题，严重阻碍了我国建筑工程造价控制的发展。

建筑工程造价控制的关键是通过科学的方法和手段确定工程造价。长期以来，我国都是通过概预算确定工程造价，即“定额＋费用＋文件规定”的模式，也就是按定额计算直接费，按取费标准计算间接费、利润、税金，再依据有关文件的规定进行调整、补充，最后得到工程造价。这里分别是参照定额和取费标准计算直接费与间接费。定额既包括生产过程中的实物与物化劳动的消耗量，又包括各项消耗指标所对应的单价，是“量价合一”式的定额；取费标准是依据施工企业的资质等级由国家确定的。在计划经济体制下，构成直接费用的人工、材料、机械价格长期相对稳定，业主以国营、集体单位为主；承包商绝大多数为国营、集体施工企业，管理模式单一。再加上当前很多建筑企业没有选择先进的造价控制方式，难以适应当前社会的发展，也给企业带来了较大的经济损失。

（一）建筑工程造价控制人员综合素质较差

建筑工程造价控制需要进行科学的预测、计算和控制等调控工作，因此对建筑工程造价控制人员的素质要求也较高。但是现在我国往往过分重视对建筑工程造价的定额编制，这就导致建筑工程领域的管理人员对市场价格不熟悉，处理实务的能力较差。这在建筑行业是一个相当普遍的问题，严重限制了建筑工程造价控制的正常发展。

（二）建筑工程造价控制不能完全和市场相融合

当前，我国社会主义市场经济制度仍需不断完善，再加上建筑市场价格波动较大，而我国往往是按计价定额编制建筑工程造价，因此在实际操作过程中难免会有一定的滞后性和盲目性，这在建筑工程领域直接体现为建筑工程造价控制往往滞后于市场变化，不能准确反映当时的客观条件。

（三）建筑工程造价控制不能适应市场竞争机制

就国内行情来说，自由竞争是实现建筑工程资源有效配置的重要手段。在建筑工程造价控制中，其核心就是竞标，有效的、公平的竞价方式才能促进建筑行业健康发展。但是由于客观条件的限制，我国在建筑工程造价方面确立了相当精细的计算方法，这使得建筑工程造价控制缺乏弹性，在一定程度上限制了建筑行业的自由竞争，使得建筑工程造价控制不能适应市场竞争机制。

（四）建筑工程竞价管理方式存在弊端

在我国，通常采取整齐划一的、带有集体性质的管理模式来进行竞价管理，在建筑工程竞价过程中，中标者都是在国家对建筑工程造价进行综合评定的基础上产生的。先进的低价竞价方式并没有在我国得到普遍应用，这在一定程度上增加了建筑工程项目的投资成本，使建筑工程项目投资成本长期处于偏高的状态。

二、建筑工程造价控制的改进策略

（一）要明确建筑工程造价控制的中心

在建筑工程造价控制过程中，要明确项目部是成本控制中心，其成本核算对象是项目部的各个单项工程成本。项目成本控制包括成本预测、实施、核算、分析、考核、整理成本资料及编制成本报告。项目部在承揽工程后，根据工程特点和施工组织设计，编制人工、材料、机械的成本计划，对该工程进行成本预测，并将成本计划报预算部门审验备案；项目部根据计划成本，按成本项目制定目标成本，财务部门会同合同商务部、生产管理部以计划成本和目标成本为依据对成本实施控制。

（二）建立严密有效的项目成本内控体系

企业内部控制体系，具体应包括三个相对独立的控制层次。第一个层次是在项目全过程中融入相互牵制、相互制约的制度，建立以防为主的监控防线。第二个层次是有关人员在开展业务时，必须明确业务处理权限和有关人员应承担的责任，对一般业务或直接接触客户的业务，均要经过复核，重要业务实行职能部门签认制，专业岗位应配备责任心强、能力全面的人员，并进行程序化、规范化管理，将监督的过程和结果定期直接反馈给财务部门的负责人。第三个层次是以现有的稽核、审计、纪律检查部门为基础，成立一个由公司直接领导并独立于被审计项目部的审计小组。审计小组通过内部常规稽核、项目审计、落实举报、监督审查会计报表等手段，对项目部实施内部控制，建立有效的以“查”为主的监督防线。以上三个层次构筑的内部控制体系可对项目发生的经济业务进行防、堵、查，并进行递进式的监督控制，便于及时发现问题、防范和化解项目部的风险和会计风险。

（三）建筑工程造价控制重在落实

建筑工程造价控制贯穿于建筑工程项目施工的全过程，要逐项进行落实，责任到人，按照有关章程制度进行管理，力求做出实效。

1.掌握建筑工程项目基本情况

掌握定额的费用、取费标准、中标价、主要工程量以及施工现场的周围环境，掌握进入现场施工队伍的技术状况、人员素质、设备能量、工程工期以及要求的开工竣工时间、工程施工的难易程度，制定科学的施工方案和有效的施工方法。

2.高度重视主要成本项目

在建筑工程施工过程中，主要成本项目是工程直接材料，它在直接成本中一般要占60%以上，所以应高度重视该项目的成本控制，它是降低成本潜力最大的成本项目，要从价格上予以控制。

3.控制机械使用费

合理确定机械台班定额，把单车单机核算落实到机型和操作者个人，做到事前测算、事中控制、事后考核，提高机械使用效率，争取超额完成台班定额工作量，同时，要注意控制机械设备的维护成本。

4.控制人工费和现场经费

一方面要做好人员编制管理工作，定岗定员，建筑工程项目组织结构要精干、高效，尽量缩小中标人工费与实际工资标准的差距；另一方面要注意间接费用控制，保持“一支笔”审批经费制度，特别是要控制招待费、差旅费、办公费、电话费等杂项开支。

第二章　建筑工程决策阶段造价控制

第一节　建筑工程决策阶段造价分析

一、项目决策的重要性

项目决策是选择和决定投资行动方案的过程，是对拟建项目的必要性和可行性进行技术经济论证，对不同建设方案进行比较、选择以及对拟建项目的技术经济问题作出判断和决定的过程。项目决策正确与否，直接关系到项目建设的成败，关系到工程造价的高低及投资效果的好坏。正确决策是合理确定及控制工程造价的前提。

第一，项目决策是决定项目投资成败的关键。首先，资金和资源是有限的，这种有限性促使人们必须有效、合理地利用这些资金和资源，避免浪费和使用不当。这就要求人们在项目投资建设之前，就该项目是否建设、如何建设作出科学的决策。其次，由于组合和配置方式的不同，同样数量的资金和资源所取得的社会经济效益也会有很大差别。这就是投资建设所需资金和资源的不等价替代性，要充分发挥资金和资源的作用，就必须认真做好项目决策工作。最后，由于项目建设具有技术复杂性，其经济效益也有不确定性，这要求人们在投资项目之前，全面研究建筑工程项目建设的各个环节，认真分析建设过程中的有利因素和不利因素，经过充分的技术经济论证，选择最佳的投资方案。由此可见，项目投资决策是决定项目投资成败的关键。

第二，项目决策的内容是确定投资估算的基础。投资估算与项目决策的内容有关，投资估算要全面反映项目决策的内容，即投资估算必须建立在项目决策内容的基础上，如项目的建设规模、建设标准、工艺选择，以及建设地点选择、筹资方案、筹资结构、建设周期等。这些都是确定投资估算的重要依据。

第三，项目决策的深度影响投资估算的精度和工程造价的控制效果。项目决策的过程是一个由浅入深的过程，随着项目决策的深入，不确定因素逐渐减少，投资估算的精度也会逐渐提高，如在机会研究阶段，投资估算的精度误差为±30%，在初步可行性研究阶段，投资估算的精度误差为±20%，而在详细可行性研究阶段，投资估算的精度误差为±10%。

另外，在建筑工程项目建设的各个阶段会形成相应的投资估算、设计概算、修正概算、施工图预算、承包合同价、结算价及竣工决算，这些造价之间是前者控制后者、后者补充前者的相互作用关系。

总的来说，决策阶段是整个项目建设的最初阶段，也是工程造价控制的起点，对整个项目建设具有重要影响。决策阶段的投资估算对后面的各项造价预算起着制约作用，可作为限额目标。由此可见，只有保证项目决策的深度，采用科学的估算方法和可靠的数据资料，才能将项目其他阶段的造价控制在合理的范围内。

二、决策阶段影响工程造价的主要因素

如前所述，项目决策的实质是选择最佳的方案，工程造价的多少并不能反映方案的优劣，即不能以工程造价的多少来否定或肯定某一方案。但这并不意味着项目投资与工程造价无关，实际上两者有密切的关系。第一，在项目规模一定的条件下，工程造价的多少决定了项目的经济效果。工程造价越低，经济效果越好，而经济效果是项目决策的关键因素。第二，在投资资金有约束的条

件下，工程造价也是决定投资方案取舍的重要因素。第三，工程造价的多少也反映了项目投资风险的大小。在项目决策阶段，影响工程造价的主要因素有：项目规模、建设标准、建设地点、生产工艺、设备、资金筹措等。

（一）项目规模

一般而言，项目规模越大，工程造价越高。但项目规模的确定并不依赖工程造价的多少，而是取决于项目的规模效益、市场因素、技术条件、社会经济环境等。

1.项目的规模效益

项目的决策与项目的经济效益密切相关，而项目的经济效益与项目的规模也有密切的关系。在一定条件下，项目的规模扩大一倍，而项目的投入并不会扩大一倍。这就意味着，单位产品的成本会随着生产规模的扩大而降低，而单位产品的报酬会随着生产规模的扩大而增加。在经济学中，这一现象被称为规模效益递增现象。但同时，这一现象也不可能永久地持续下去，即当规模达到一定程度时，又会出现效益递减现象。因此，项目规模不仅会影响工程造价，更重要的是会影响项目的经济效益，从而影响项目决策。对于一些非生产性项目，一般按其功能要求和有关指标来确定其规模。例如，水利工程，一般按防洪或排洪标准及保护区的重要程度确定其规模。

2.市场因素

市场因素是影响项目规模的重要因素。市场需求是确定项目生产规模的前提。市场因素的影响表现在以下三个方面。

第一，项目的生产规模以市场预测需求为限。因此在进行项目决策时，必须充分调查市场的需求。

第二，项目产品投放市场后引起的连锁反应。根据需求理论，当供给增加时，价格就会降低，这对项目的效益必然产生影响。因此，项目规模的确定也要考虑供给增加带来的影响。

第三，项目建设的资源消耗对建筑材料市场的影响。项目建设往往要消耗大量的资源。因此，项目建设在一定范围内会引起建筑材料市场的波动，从而影响工程造价。一般来讲，项目的规模越大，这种影响就越大。

3.技术条件

技术条件是项目决策的重要因素之一。技术上的可行性和先进性是项目决策的基础，也是项目经济效益的保障。技术上的先进性不仅能保证项目生产规模，还能降低生产成本，保证项目的经济效益。但技术水平的提高应该适度，因为过高的技术水平也会增加获取技术的成本，提高管理难度。盲目地追求过高的技术水平，可能会导致难以充分发挥高技术的作用，降低项目投资效益，达不到预期的投资效果，导致工程投资估算再精确也毫无意义。

4.社会经济环境

必须承认地区发展不平衡的客观性。一定的经济发展水平和经济环境与项目的规模有一定的关系。在项目决策阶段要考虑的主要环境因素有土地与资源条件、运输与通信条件、产业政策以及区域经济发展规划等，这些因素制约着项目的规模。

（二）建设标准

建设标准是项目决策的重要内容之一，也是影响工程造价的重要因素。建设标准的主要内容包括建设规模、占地面积、工艺装备、配套设施等方面的配套标准和指标。建设标准是编制、评价、审批项目可行性研究报告的重要依据，是衡量工程造价是否合理以及监督、检查项目建设的客观尺度。

建设标准能否起到控制工程造价、指导建设的作用，关键在于建设标准定得是否合理。标准定得过高会脱离实际情况，超过建筑企业的承受能力，加大投资风险，造成投资浪费；标准定得过低，则会妨碍科学技术的进步，降低项目的投资效益，表面上控制了工程造价，实际上会造成投资浪费。因此，建设标准的确定应与当前的经济发展水平相适应，对于不同地区、不同行业、不同规模的建设项目，应按照实际情况合理确定其建设标准，一般以中等适用的标准为原则。在经济发达地区，项目技术含量较高或有特殊要求的项目，标准可以适当提高一些。在建筑方面，应坚持“安全、适用、经济、美观”的建设标准。

（三）建设地点

建设地点与工程造价有着密切的联系，如果地点选择不当会大大增加工程造价，如项目的总体平面布置、“三通一平”等都直接与建设地点的选择有关。不仅如此，还会对建设速度、投产后的经营成本等产生影响。因此，合理地选择建设地点，不仅可以降低工程造价，还可以提高项目经济效益。在建设地点的选择上，一般要结合自然条件、社会经济条件、建筑施工条件和城市条件等进行综合考虑。主要包括以下几点。

第一，土地的面积和地形应适合项目的总平面布置，能按科学的工艺流程布置各种建筑物、构建物，并留有发展余地以满足将来扩建的需要。

第二，建设地点应力求平坦、土石方工程量较小，以减少土地平整的工程，并尽量少占用或不占用农田。

第三，工程地质和水文地质条件要符合要求，尽量减少地基处理的工程量，不应选在地震的中层、断层以及熔岩、流沙层、有用矿床上，应避开洪水淹没区、已采矿坑塌陷区以及滑坡处。地下水位应尽可能低于地下室和隧道深度等地下建筑基准面。

第四，应当接近车站或铁路支线，以方便运输，尽量减少铁路专用线长度，以节约投资。

第五，靠近水源及能源，以减少生产用水和电力的投资。

第六，生产上联系密切的企业应尽量集中在一起，以便组织生产协作，缩短运输距离，减少投资和占地面积。

第七，注意城市规划要求。

除上述要求外，还应根据不同部门、不同性质企业的技术经济特点，考虑项目的一些特殊要求，如原料指向、能源指向、市场指向、技术指向等。

（四）生产工艺

生产工艺的确定是项目决策的重要内容之一，它关系到项目在技术上的可行性和经济上的合理性。生产工艺的选择一般以先进适用、经济合理为原则。

1.先进适用

先进与适用的关系是对立统一的。在确定生产工艺时，既要强调其先进性，又不能脱离其适用性。过分强调先进性或适用性，都可能导致决策的失败。

2.经济合理

经济合理是指所选用的工艺在经济上能够承受，又能获得令人满意的经济效果。在确定生产工艺时，应提出不同的工艺方案，在先进适用的原则下选择经济效益好的工艺。

生产工艺的选择对厂区平面布置有较大的影响，可以说，生产工艺大体决定了平面布置，因此在选择生产工艺的过程中，应充分考虑建设地点的地形、地貌特征。

（五）设备

设备使用费用是工程造价的组成部分之一，对工程造价也有一定的影响。设备作为项目最积极、最活跃的投资，是项目获得预期效益的基本保证。随着科学技术的不断发展，设备投资占工程造价的比重越来越大。设备选用不仅关系到工程造价，更关系到项目的技术先进性和投资效益。

设备选用应遵循先进适用、经济合理的原则。先进的设备具有较高的技术含量，是实现项目目标的技术保证。同时技术含量高的设备附加值也高，即投资大。选用设备时，在注意先进性的同时也要考虑其适用性，考虑其配套设备技术的稳定性等综合因素。既要经济，又要能满足项目的要求。

（六）资金筹措

市场经济条件下，投资日益多元化，项目的资金筹措是建筑企业必须面对的问题。筹资方式、筹资结构、筹资风险、筹资成本是项目建设过程中必须认真研究的问题，也是项目决策的内容之一。筹资成本（建设期贷款利息）也是工程造价的重要组成部分。

1.筹资方式

筹资的方式包括股份集资、发行债券、信贷筹资、自然筹资、租赁筹资以及建设项目的BOT（建设—经营—转让）等。

2.筹资结构

即资金来源的构成。合理的筹资结构有利于降低项目的经营风险。

3.筹资风险

筹资风险是指因改变筹资结构而增加的丧失偿债能力的可能和自有资金利润率降低的可能。

4.筹资成本

筹资成本是指建筑企业获得资金成本所付出的代价，包括筹资过程中所发生的费用和使用过程中必须支付给出资者的报酬，这些均属于工程造价的组成部分。对于大型建设项目，由于建设周期长，其建设期的贷款利息支出对工程造价的影响也是不容忽视的。

第二节　建筑工程项目策划

建筑工程项目策划是指将建设意图转换为定义明确、系统清晰、目标具体且具有策略性运作思路的系统活动。建筑工程项目策划主要包括建设前期项目系统构思策划、建设期间项目管理策划和项目建成后运营策划。建筑工程项目策划以工程项目管理理论为指导，不仅服务于工程建设全过程，而且是建筑工程造价控制的重要基础。

一、建筑工程项目策划的主要作用

（一）构思工程项目系统框架

建筑工程项目策划的首要任务是根据建设意图进行工程项目的定义和定位，全面构想一个待建项目系统。工程项目定义是指要明确界定工程项目的用途、性质，如某类工业项目、交通运输项目、公共项目、房地产开发项目等，具体描述工程项目的主要用途和目的。工程项目定位是根据市场需求，综合考虑投资能力和最有利的投资方案，决定工程项目的规格和档次。例如，设想建设一幢高层写字楼，根据需求和建设条件，可以建成普通办公大楼，也可以建成具有多功能的现代化办公楼宇。总之，建筑工程项目必须通过定位策划进行准确定位。

在工程项目定义和定位明确的前提下，需要提出工程项目系统框架，进行工程项目功能分析，确定工程项目系统组成。例如，要建设一个现代化钢铁生产项目，其系统构成应包括从原料投入到各类钢材产品产出的全过程的若干单项工程——原材料输送子系统、炼铁子系统、炼钢子系统、轧钢子系统，以及产成品包装、储存和销售子系统等。再如，要新建一所学校，其系统构成应包括教学楼、实验室、办公楼、食堂、体育设施，以及视教师和学生的住宿情况建设必要的教师宿舍、学生集体宿舍和浴室等其他生活设施。构思工程项目系统框架，应使工程项目的基本设想变为具体而明确的建设内容和要求。

（二）奠定工程项目决策基础

通常情况下，工程项目的投资决策是以可行性研究为基础的，而工程项目可行性研究不仅包含建设方案，而且需要充分考虑工程项目所赖以生存和发展的社会经济环境和市场。建设方案的产生，并不是投资主体的主观愿望和某种意图的简单组合就能完成的，必须通过专家的总体策划和若干重要细节的策划（如项目定位、系统构成、目标设定及管理运作等的具体策划），并进行可能性和可操作性的分析，这样才能使建设方案建立在可运作的基础上。也只有在此基础上，才能使工程项目可行性研究所得出的结论具备现实性。

例如，项目融资方案、项目建设总进度目标等都对工程项目可行性研究结论产生了重要影响，如果仅是从理想条件出发作出决定，在此条件下的可行性研究所得出的结论虽然很乐观，但在项目实施过程中却不能按预想的融资方案运作，不能按预想总进度目标进行建设，项目实施的实际结果可能会与原来的可行性研究结论相悖。因此，只有经过科学、缜密的工程项目策划，才能为可行性研究和项目决策奠定客观且具有运作可能性的基础。

（三）指导工程项目管理工作

由于建筑工程项目策划需要密切结合具体工程项目系统的整体特征，不仅要把握和揭示工程项目系统总体发展的条件和规律，而且要深入工程项目系统构成的各个层面，还要针对各个阶段的发展变化对工程项目管理的运作方案提出系统的、具有可操作性的构想，因此建筑工程项目策划将直接成为指导工程项目实施和工程项目管理的基本依据。

建筑工程项目管理工作的中心任务是进行工程项目目标控制，因此建筑工程项目策划是建筑工程项目管理的前提，也是建筑工程造价控制的工作内容之一。没有策划的建筑工程项目管理及造价控制，将会陷入盲目和被动之中，没有科学管理作支撑的建筑工程项目策划就是纸上谈兵，缺乏实用价值。

二、建筑工程项目策划的主要内容

建筑工程项目策划可分为总体策划和局部策划两种。工程项目总体策划一般是指在项目立项决策过程中所进行的全面策划，而工程项目局部策划可以是对全面策划任务进行分解后的一个单项性或专业性问题的策划，例如，一个生产子系统的工艺策划或设备选型配置策划等。局部策划既可以在工程项目前期策划决策阶段进行，也可以在工程项目实施过程中进行。根据策划工作的对象和性质不同，策划内容、依据、深度和要求也不一样。

（一）工程项目构思策划

工程项目一般根据国家经济社会发展的近远期规划以及提出者（单位或个人）生产经营或社会物质文化生活的实际需要提出。因此，项目构思策划必须以法律法规和有关政策方针为依据，结合实际建设条件和地区经济社会环境进行。如果已确定在特定的地点建设，还必须与地区或城市规划的要求相适应。项目构思策划的主要内容包括以下方面。

1.工程项目的定义

即描述工程项目的性质、用途和基本内容。

2.工程项目的定位

即描述工程项目的建设规模、建设水准，工程项目在社会经济发展中的地位、作用和影响力，并进行工程项目定位依据及必要性和可行性分析。

3.工程项目的系统构成

描述系统的总体功能，系统内部各单项工程、单位工程的构成，各自作用和相互联系，内部系统与外部系统的协调、协作和配套的策划思路及方案的可行性分析。

4.其他

与工程项目实施及运行有关的重要环节策划，均可列入工程项目构思策划的范畴。

（二）工程项目实施策划

工程项目实施策划旨在将体现建设意图的工程项目构思，变成有实现可能性和可操作性的行动方案，提出带有谋略性和指导性的设想。

1.工程项目组织策划

对于政府投资的经营性项目，需要实行项目法人责任制，应按《中华人民共和国公司法》的要求组建项目法人。对于政府投资的非经营性项目，可以实行代建制，也可以采用其他实施方式。工程项目组织策划既是工程项目总体构思策划的重要内容，也是对工程项目实施过程产生重要影响的策划内容。

2.工程项目融资策划

资金是工程项目实施的物质基础。工程项目投资额大、建设周期长，资金的筹措和运用与工程项目的成败关系重大。建设资金的来源渠道广泛，各种融资方式有其不同的特点和风险因素。融资方案的策划是控制资金使用成本，进而控制工程造价、降低工程项目风险不可忽视的环节。工程项目融资策划具有很强的政策性、技巧性和谋略性，它取决于工程项目的性质和工程项目实施的运作方式。竞争性项目、基础性项目和公益性项目的融资有不同特点，只有通过策划才能确定和选择最佳融资方案。

3.工程项目目标策划

工程项目必须具有明确的目的和要求、明确的建设任务量和时间界限、明确的项目系统构成和组织关系，才能进行有效的项目目标控制。也就是说，确定项目的质量目标、造价目标和进度目标是工程项目管理的前提，同时，还要兼顾安全和环保目标。工程项目目标之间的内在联系和相互制约，使工程项目目标的确定变得复杂和困难。为此，需要在工程项目系统构成和定位策划的过程中实现工程项目目标之间的最佳匹配。

4.工程项目实施过程策划

工程项目实施过程策划是对工程项目实施进行任务分解和组织工作策划，包括设计、施工、采购任务的招标投标，合同结构，项目管理机构设置、工作程序、制度及运行机制，项目管理组织协调，管理信息收集、加工处理和应用等。工程项目实施过程策划可视工程项目系统的规模和复杂程度，分层次、分阶段地展开，从总体轮廓性概略策划到局部实施性详细策划，逐步深化。

三、建筑工程项目多方案比选

无论是总体策划还是局部策划，也无论是决策阶段构思策划还是项目实施策划，都是在构思多方案的基础上，通过方案比选，为决策提供依据。

建筑工程项目多方案比选主要包括工艺方案比选、规模方案比选、选址方案比选，甚至包括污染防治措施方案比选等。无论哪一类方案比选，均包括技术方案比选和经济效益比选两个方面。

（一）技术方案比选

由于工程项目的技术内容不同，技术方案比选的内容、重点和方法也各不相同。总的比选原则是在满足技术先进适用、符合社会经济发展要求的前提下，选择能更好地满足决策目标的方案。

技术方案比选方法分为两大类，即传统方法和现代方法。

1.传统方法

传统方法包括经验判断法、方案评分法和经济计算法。

（1）经验判断法

经验判断法是人们利用知识、经验和主观判断能力，靠直觉对方案进行评价的方法。其优点是适用性强，决策灵活；缺点是缺乏严格的科学论证，容易导致主观、片面的结果。

（2）方案评分法

方案评分法是根据评价指标对方案进行打分，最后根据得分多少判断优劣的方法。常用的方法有加法评分法、乘法评分法、综合价值系数法。其优点是能够定量判断方案的优劣，比起笼统地用“很好”“好”“不好”等定性评价要更为细致、准确。

（3）经济计算法

经济计算法是指通过指标的大小来判断方案的优劣，是一种准确的方案比选方法。可应用于较准确地计算各方案经济效益的情形，如价值工程中的新产品开发、技术改造、可行性研究中的投资方案等。

2.现代方法

现代方法主要包括目标规划法、层次分析法、模糊数学综合评价法、灰色理论分析法和人工神经网络法等。

（二）经济效益比选

1.比选要点

由于不同投资方案产出品的质量、数量、投资、费用和收益的大小不同，发生的时间、方案的寿命期也不尽相同，因此在比较各种不同方案时，必须有一定的前提条件和规范的判断标准。

（1）筛选备选方案

筛选备选方案实际上就是单方案检验，即利用经济评价指标的判断准则剔除不可行方案。

（2）保证备选方案之间的可比性

既可按方案的全部因素计算多个方案的全部经济效益和费用，进行全面分析对比；也可就各个方案的不同因素计算其相对经济效益和费用，进行局部分析对比，但要遵循效益和费用计算口径一致的原则，保证各个方案的可比性。

（3）针对备选方案的结构类型选用适宜的比选方法

对于不同结构类型的方案，要选用不同的比较方法和评价指标。考察结构类型所涉及的因素有：方案的计算期是否相同；方案所需的资金来源是否有限制；方案的投资额是否相差过大等。

多方案比选是一个复杂的系统工程，涉及许多因素，这些因素不仅包括经济因素，还包括诸如项目本身及项目内外部的其他相关因素，如产品市场、市场营销、企业形象、环境保护、外部竞争、市场风险等，只有对这些因素进行全面调查研究和深入分析，再结合工程项目经济效益分析情况，才能选出最佳方案，为科学的投资决策奠定基础。

2.比选方法

互斥型方案的比选方法包括静态差额投资收益率法、静态差额投资回收期法、差额投资内部收益率法、净现值法、净现值率法、年值法、总费用现值比较法、年费用比较法等。

在建筑工程项目构思策划、实施策划和方案比选决策中，都离不开建筑工程造价控制的支持。

第三节　建筑工程项目投资估算

一、建筑工程项目投资估算的基础知识

建筑工程项目投资估算是项目前期工作的重要环节之一，也是对项目进行经济评价的基础。

（一）建筑工程项目投资估算的作用

建筑工程项目投资估算是指在建筑工程项目投资决策过程中，依据现有的资料和特定的方法，对建筑工程项目投资额进行的估计。它是编制项目建议书和可行性研究报告的重要组成部分，是建筑工程项目决策的重要依据之一。投资估算准确与否不仅会影响可行性研究工作的质量和经济评价的结果，还直接关系到下一阶段设计概算和施工图预算的编制，对项目资金筹措方案也有直接影响。因此，全面、准确地估算建筑工程项目的投资，是可行性研究乃至整个项目决策阶段项目管理的重要任务。投资估算在建筑工程项目管理中的作用体现在以下几个方面。

第一，在项目建议书阶段，投资估算是主管部门审批项目建议书的重要依据之一，并对项目的规划、规模有一定的影响。

第二，在项目可行性研究阶段，投资估算是项目投资决策的重要依据，也是研究、分析、计算项目投资经济效益的重要文件。可行性研究报告被批准以后，其投资估算额就作为设计任务书中下达的投资限额，不得随意突破。

第三，在项目设计阶段，投资估算对设计概算起控制作用，设计概算不得突破批准的投资估算。

第四，投资估算可作为项目资金筹措及制订建设贷款计划的依据，项目业

主可根据批准的投资估算，进行资金筹措或向银行申请贷款。

第五，投资估算是核算建筑工程项目固定资产投资需要额和编制固定资产投资计划的重要依据。

（二）建筑工程项目投资估算的阶段划分

1.项目规划阶段的投资估算

建筑工程项目规划阶段是指业主根据国民经济发展规划、地区发展规划和行业发展规划的要求，编制一个建筑工程项目的建设规划，此阶段的投资估算是按建筑工程项目规划的要求和内容，粗略估计项目所需的投资额。对投资估算精度的要求是允许误差可以大于±30%。

2.项目建议书阶段的投资估算

项目建议书阶段的投资估算是按项目建议书中的产品方案、建设规模、主要生产工艺、车间的组成、初选场（厂）址方案等，估计建筑工程项目所需要的投资额。其意义是据此判断一个建筑工程项目是否需要进行下一阶段的工作，对投资估算精度的要求是误差控制在±30%以内。

3.初步可行性研究阶段的投资估算

初步可行性研究阶段的投资估算是在掌握了更详细、更深入的资料条件下，估计建筑工程项目所需要的投资额。其意义是据此判断是否进行项目的详细可行性研究，对投资估算精度的要求是误差控制在±10%以内。

4.详细可行性研究阶段的投资估算

详细可行性研究阶段的投资估算至关重要，因为这个阶段的投资估算经审批之后，便是设计任务书中规定的项目投资限额，并可列入项目年度基本建设计划。对详细可行性研究阶段投资估算精度的要求是误差控制在±10%以内。

总之，在建筑工程项目投资决策各个主要阶段都要进行项目投资估算，但由于各个阶段工作深度和掌握的资料不同，投资估算的准确程度也就不太一样，随着工作的深入，建筑工程项目条件逐步明确和细化，投资估算会不断地完善，准确度会逐步提高，从而能对建筑工程项目投资起到有效的控制作用。

（三）建筑工程项目投资估算的原则

建筑工程项目投资估算是在设计的前期编制的，其编制的主要依据还不是十分具体，不像编制概预算时那么细致，因此还要结合设计方案的具体情况和条件，各种指标应尽可能切合实际，达到应有的准确性。在编制投资估算时一般应遵循以下原则。

1.实事求是原则

从实际出发，深入开展调查研究，掌握第一手资料，客观地反映投资情况，不弄虚作假。

2.最优化原则

选择最优化的投资方案，形成有利于资源最优配置和使效益达到最高的经济运作机制。

3.节约原则

充分利用原有的建筑物，能改建、扩大的就不新建，尽量节约投资。

4.高效、准确原则

平常要注意资料、信息的收集和积累，以便高效、快捷地按要求给出投资估算结果，并达到应有的准确性。

5.应用高科技手段的原则

要适应当今的科技发展，利用各种高科技手段，从编制投资估算的角度出发，在资料收集，信息储存、处理、使用，以及选择编制方法、编制过程等环节实现计算机化、网络化。

（四）建筑工程项目投资估算的依据

一般情况下，建筑工程项目投资估算的主要依据包括如下内容。

①项目建议书、建设规模、产品方案、工程项目一览表。

②设计方案、图纸及主要设备材料表。

③单位生产能力的投资估算指标或技术经济指标。

④单项工程投资估算指标或技术经济指标，如：工业建设中某一类型车间的每单位生产能力或每平方米建筑面积的单方造价；民用建筑一栋房屋（包括土建、水、电、暖、通风、空调等）每平方米建筑面积的单方造价。

⑤单位工程投资估算指标或技术经济指标，如：每平方米建筑面积土建、卫生、照明等单方造价；空调耗热（冷）量、暖气等造价。

⑥设计参数（指标），如：各类建筑（医院、学校等）面积指标；空调、暖气工程每平方米建筑耗热（冷）量指标等。

⑦概算定额和概算指标及预算定额。

⑧当地材料、设备预算价格及市场价格。

⑨当地取费标准。

⑩当地历年、历季调价系数及材料价差。

⑪现场情况，如地形位置、地质条件，“三通一平”条件等。

上述资料越完备、越丰富、越详细，编制投资估算就越准确。

（五）建筑工程投资估算编制的程序

不同类型的建筑工程项目选用不同的投资估算编制方法，不同的投资估算编制方法有不同的投资估算编制程序。现从建筑工程项目费用组成考虑，介绍一般较为常用的投资估算编制程序：

①熟悉工程项目的特点、组成、内容和规模等；

②收集有关资料、数据和估算指标等；

③选择相应的投资估算编制方法；

④估算工程项目各单位工程的建筑面积及工程量；

⑤进行单项工程的投资估算编制；

⑥进行附属工程的投资估算编制；

⑦进行工程建设其他费用的投资估算编制；

⑧进行预备费用的投资估算编制；

⑨计算固定资产投资方向调节税，计算贷款利息；

⑩汇总工程项目投资估算总额；

⑪检查、调整不适当的费用，确定工程项目的投资估算总额；

⑫估算工程项目主要材料、设备需用量。

二、建筑工程项目投资估算的管理

（一）编制投资估算应注意的问题

编制投资估算时，其计算工作量要比相应的概算、预算少得多。所以，有的人就认为编制估算方便、容易，还有的人认为反正是估算，粗略地计算一下就行了。其实不然，从某种程度上讲，估算更为困难，因为在可行性研究阶段，大多数工程项目是“紧急上马”，设计时间较紧，设计人员很难把方案做深、做细，甚至连具体的施工方案也没有，这时就有很多问题要由估算编制人员来具体考虑、分析，工作量就比较大。同时，尽管是估算，也不可草率行事，因为最后的投资估算结果要作为上级部门判断工程项目是否能实施的依据，若悬殊较大，会导致决策者决策失误。另外，在初步设计阶段的设计概算总额，应控制在投资估算的范围之内，若估算得过高或过低，均会给编制设计概算带来困难，所以编制估算一定要认真、深入。编制时应注意以下几点。

第一，投资估算编制必须严格按照国家的方针、政策和有关制度，符合相关技术标准、设计施工技术规范，估算文件的质量应达到符合规定、结合实际、经济合理、提交及时、不重不漏、计算正确、字迹清晰、装订整齐的要求。

第二，估算编制人员要考虑业主对建筑项目的意见，如资金筹措、实施计划、水电供应、配套工程（如路、桥及水路管理设计等）、土地拆迁赔偿、工程监理等。

第三，要认真收集整理和积累各种建筑项目竣工时实际造价资料。这些资料的可靠性越高，则估算出的投资准确度也越高。可以说，收集和积累可靠的技术资料是提高投资估算准确度的前提和基础。

第四，选择使用投资估算的各种数据时，无论是自己积累的数据，还是通过其他渠道获得的数据，估算人员在使用前要结合时间、物价、现场条件、装备水平等因素进行充分的分析和调查研究。据此，应该做到以下三点：

①造价指标的工程特征与本工程尽可能相符合；

②对工程所在地的交通、能源、材料供应等条件做周密的调查研究；

③进行细致的市场调查和预测。

第五，投资的估算必须考虑建设期物价、工资等方面的动态变化。

第六，应留有足够的预备费。这并不是说，预备费留得越多越保险，而是依据估算人员所掌握的情况加以分析、判断、预测，从而选定一个适当的系数。一般来说，对于那些建设工期长、工程复杂或新开发的工艺流程，预备费所占比例可高一些；对于那些建设工期短、工程结构简单或在很大程度上带有非开发性，并在国内已有建成的工艺生产项目和已定型的项目，预备费所占的比例就可以低一些。

第七，引进国外设备或技术项目时要考虑汇率的变化。引进国外先进技术和设备的建筑项目和涉外建筑项目，其建设投资的估算额与外汇兑换率关系密切，要加以考虑。

第八，注意项目投资总额的综合平衡。实际进行项目投资估算时，常常遇到这种情况：从局部看对各单位工程的投资估算似乎是合理的，但从估算的建筑项目所需的总投资额来看并不一定适当。因此，必须从总体上衡量工程的性质，明确项目所包括的内容及建筑标准等，确定是否与当前同类工程的投资额相称。还可以检查各单位工程的经济指标是否合适，从而再进行必要的调整，使得整个建筑项目所需的投资估算额更合理。

第九，进行项目投资估算要认真负责，实事求是，既不可有意高估冒算，以免积压和浪费资金；也不应故意压价少估，而后进行投资追加，打乱项目投资计划。

总之，拟建项目投资估算在深入调查研究的基础上，应尽量做到估算投资与现实相符，估足投资，不留缺口，以便拟建项目立项后，在各阶段的实施过程中，估算投资能真正起到控制投资最高限额的作用。

（二）影响投资估算的因素

建筑项目投资估算是一项很复杂的工作，其主要影响因素如下。

①新项目投资估算所需资料的可靠程度。例如，已运行项目的实际投资额、有关单元指标、物价指数、项目拟建规模、建筑材料价格、设备价格等数据和资料的可靠性。

②项目本身的内容和复杂程度。例如，当拟建项目本身比较复杂、内容很多时，那么在估算项目所需投资额时，就容易出现漏算和重复计算等情况。

③项目所在地的自然条件。例如，建设场地条件、工程地质、水文地质、地震烈度等情况和有关数据的可靠性。

④项目所在地的建筑材料供应情况、价格水平、施工协作条件等。

⑤与项目建设有关的建筑材料、设备等的价格浮动幅度。

⑥项目所在地的城市基础设施情况。例如，给排水、电讯、煤气供应、热力供应、公共交通、消防等基础设施是否齐备。

⑦项目设计深度和详细程度。

⑧项目投资估算人员的经验和水平等。

（三）项目投资估算的审查

要想保证项目投资估算的准确性，使其更好地发挥作用，就要做好投资估算的审查工作。

按照规定，投资估算须经有关主管部门或单位批准的，在报批前应经有资格的监理公司进行评估。在对建设项目进行技术经济效益评价的同时，还必须对该项目投资估算的完整性、准确性以及项目所需投资的筹措、落实情况进行全面、公正的评价，切实保证评价的质量。在审批可行性研究报告时，必须认真审查投资估算，以确保投资估算的质量。投资估算一经上级主管部门批准，即作为建设项目总投资的计划控制额，不得任意更改和突破。

1.审查项目投资估算的方法

审查项目投资估算的方法是否具有一定的科学性和可靠性。投资估算的方法有很多，但不同的投资估算方法有不同的适用条件、范围和精确度。例如，在投资估算方法中有一种叫“生产能力指数法”，这种方法要求已建项目和拟建项目在性质上及其他方面应非常相似，这样才能运用此方法，才能充分利用已建项目的生产能力和投资额来估算拟建项目的投资额。如果已建项目和拟建项目在内容和性质上不同，采用这种方法估算数额的误差就会很大，就不能保证投资估算的质量。所以在进行投资估算时，要看采用的方法是否适合这个估算的对象，是否符合精确度的要求。另外，还要看采用的估算数据是否准确，尤其是有些方法中需要用到一些系数，这些系数要比较确切，有一定的科学依据。

2.审查项目投资估算所采用的数据资料

项目投资估算要采用各种基础资料，因此在审查时，要重点审查各种基础资料和数据的时效性、准确性和适用范围。例如，考虑已建项目的建设时期与工作内容，依据的设备和材料的价格等。另外，定额和指标的年代、各种费用项目与标准，费用项目的划分、其他费用包括的内容和规定等，由于地区、价格、时间、定额和指标水平的差异，使投资估算有较大的出入，所以必须对定额指标水平、价差的系数及费用项目进行调整，使之符合投资估算时的实际情况。

3.审查项目投资估算的内容

对项目投资估算的内容，要进行严格的、深入细致的分析和审查，主要审查以下几个方面。

第一，审查项目投资估算包括的工程内容与规定要求是否一致，是否漏掉了某些辅助工程、室外工程等的建设费用。

第二，审查项目投资估算的项目产品生产装置的先进水平和自动化程度等是否符合规划要求的先进程度。

第三，审查是否针对拟建项目与已运行项目在工程成本、工艺水平、规模大小、自然条件、环境因素等方面的差异进行了适当调整。

第四，审查和分析投资估算的费用项目、费用数额的真实性，具体包括：

①审查费用项目与规定要求、实际情况是否相符，是否有漏项或重项现象，估算的费用项目是否符合国家规定，是否针对具体情况进行了适当增减；

②审查是否考虑了物价上涨和汇率变动对投资额的影响，考虑的波动幅度是否合适；

③审查建设项目采取了哪些环境保护措施，是否对相应的投资已进行了估算，其估算金额是否符合实际；

④审查建设项目所采用的新技术、新材料、新结构和新工艺等，是否考虑了相应增加的投资，额度是否合适。

总之，建设项目投资估算既要防止漏项少算，又要防止高估冒算。要在技术可靠、经济合理的基础上，认真、准确地根据有关规定和要求合理确定经济指标，以保证投资估算的质量，使它真正起到决策和控制作用。

第四节　建筑工程项目经济评价

建筑工程项目经济评价应根据国民经济和社会发展及行业、地区发展规划的要求，在建筑工程项目初步方案的基础上，采用科学的分析方法，对拟建项目的财务可行性和经济合理性进行分析论证，为建筑工程项目的科学决策提供经济方面的依据。

建筑工程项目经济评价是建筑工程项目决策阶段重要的工作内容，对于提高投资决策科学化水平，引导和促进各类资源合理配置，优化投资结构，减少和规避投资风险，充分发挥投资效益，具有十分重要的作用。

一、建筑工程项目经济评价的内容、方法和原则

（一）建筑工程项目经济评价的内容

建筑工程项目经济评价包括财务分析和经济分析。

1.财务分析

财务分析是在国家现行财税制度和市场价格的前提下，从项目的角度出发，计算项目范围内的财务效益和费用，测算项目的盈利能力和清偿能力，分析项目在财务上的可行性。

2.经济分析

经济分析是在合理配置社会资源的前提下，从国家经济整体利益的角度出发，计算项目对国民经济的贡献，测算项目的经济效率、效果和对社会的影响，分析项目在宏观经济上的合理性。

3.财务分析与经济分析的联系和区别

（1）财务分析与经济分析的联系

第一，财务分析是经济分析的基础。大多数经济分析是在项目财务分析的基础上进行的，任何一个项目财务分析的数据资料都是项目经济分析的基础。

第二，经济分析是财务分析的前提。对大型工程项目而言，国民经济效益的可行性决定了项目的最终可行性，它是大型项目决策的先决条件和主要依据之一。

因此，在进行项目投资决策时，既要考虑项目的财务分析结果，更要遵循使国家与社会获益的项目经济分析原则。

（2）财务分析与经济分析的区别

第一，两种评价的出发点和目的不同。项目财务分析是站在企业或投资人的立场上，从其利益角度分析评价项目的财务收益和成本，而项目经济分析则是从国家或地区的角度分析评价项目对整个国民经济乃至整个社会所产生的收益和成本。

第二，两种分析中费用和效益的组成不同。在项目财务分析中，凡是流入或流出的项目货币收支均视为企业或投资者的费用和效益，而在项目经济分析中，只有当项目的投入或产出能够给国民经济带来贡献时才被当作项目的费用或效益进行评价。

第三，两种分析的对象不同。项目财务分析的对象是企业或投资人的财务收益和成本，而项目经济分析的对象是由项目带来的国民收入增值情况。

第四，两种分析中衡量费用和效益的价格尺度不同。项目财务分析关注的是项目的实际货币效果，它根据预测的市场交易价格去计量项目投入和产出物的价值，而项目经济分析关注的是项目对国民经济的贡献，采用体现资源合理有效配置的影子价格去计量项目投入和产出物的价值。

第五，两种分析的内容和方法不同。项目财务分析主要采用企业成本和效益的分析方法，项目经济分析需要采用费用和效益分析、成本和效益分析和多目标综合分析等方法。

第六，两种分析采用的评价标准和参数不同，项目财务分析的主要标准和参数是净利润、财务净现值、市场利率等，而项目经济分析的主要标准和参数是净收益、经济净现值、社会折现率等。

第七，两种分析的时效性不同。项目财务分析必须随着国家财务制度的变化而进行相应的变化，而项目经济分析多数是按照经济原则进行评价。

（二）建筑工程项目经济评价的方法

工程项目的类型、性质、目标和行业特点等都会影响项目评价的方法、内容和参数。

第一，对于一般项目，财务分析结果将对其决策、实施和运营产生重大影响，财务分析必不可少。由于这类项目产出品的市场价格基本上能够反映其真实价值，当财务分析的结果能够满足决策需要时，可以不进行经济分析。

第二，对于那些关系国家安全、国土开发、市场不能有效配置资源等具有较明显外部效果的项目（一般为政府审批或核准项目），需要从国家经济整体利益角度来考察，并以能反映资源真实价值的影子价格来计算项目的经济效益和费用，通过经济评价指标的计算和分析，得出项目对整个社会经济是否有益的结论。

第三，对于特别重大的工程项目，除进行财务分析与经济费用效益分析外，还应专门进行项目对区域经济或宏观经济影响的研究和分析。

（三）建筑工程项目经济评价的原则

1.“有无对比”原则

“有无对比”是指“有项目”相对于“无项目”的对比分析。“无项目”状态是指不对该项目进行投资时，在计算期内，与项目有关的资产、费用与收益的预计发展情况；“有项目”状态是指对该项目进行投资后，在计算期内，资产、费用与收益的预计情况。“有无对比”求出项目的增量效益，排除了项目实施以前各种条件的影响，突出了项目活动的效果。“有项目”与“无项目”两种情况下，效益和费用的计算范围、计算期应保持一致，并具有可比性。

2.效益与费用计算口径对应一致的原则

将效益与费用限定在同一个范围内，才有可能进行比较，计算的净效益才是项目投入的真实回报。

3.收益与风险权衡的原则

投资人关心的是效益指标，但是对于可能给项目带来风险的因素考虑得不全面，对风险可能造成的损失估计不足，结果往往可能使项目失败。收益与风险权衡的原则提示投资者，在进行投资决策时，不仅要看到效益，也要关注风险，权衡得失利弊后再进行决策。

4.定量分析与定性分析相结合，以定量分析为主的原则

经济评价的本质就是针对拟建项目在整个计算期的经济活动，通过效益与费用的计算，对项目经济效益进行分析和比较。一般来说，项目经济评价要求尽量采用定量指标，但对一些不能量化的经济因素，不能直接进行数量分析，因此，需要进行定性分析，并与定量分析结合起来进行评价。

5.动态分析与静态分析相结合，以动态分析为主的原则

动态分析是指考虑资金的时间价值对现金流量进行分析。静态分析是指不考虑资金的时间价值对现金流量进行分析。项目经济评价的核心是动态分析。静态分析的指标与一般的财务和经济指标内涵基本相同，比较直观，只能作为辅助指标。

二、建筑工程项目财务分析

（一）财务效益和费用的估算

财务效益和费用是财务分析的重要基础，其估算的准确性与可靠程度直接影响财务分析的结论。

1.财务效益和费用的识别和估算应注意的问题

第一，财务效益和费用的估算应遵守现行会计准则及税收制度规定。由于财务效益和费用的识别和估算是对未来情况的预测，经济评价中允许进行有别于财会制度的处理，但要求财务效益和费用的识别和估算在总体上与会计准则及税收制度相适应。

第二，财务效益和费用的估算应遵守“有无对比”原则。在识别项目的效益和费用时，要注意只有“有无对比”的差额部分才是由于项目建设增加的效益和费用，这样才能真正体现项目投资的净效益。

第三，财务效益和费用的估算范围应体现效益和费用对应一致的原则。即在合理确定的项目范围内，对等地估算财务主体的直接效益以及相应的直接费用，避免高估或低估项目的净效益。

第四，财务效益和费用的估算应根据项目性质、类别和行业特点，明确相关政策和其他依据，选取适宜的方法，进行文字说明，并编制相关表格。

2.财务效益和费用的构成

项目的财务效益与项目目标有直接的关系，项目目标不同，财务效益包含的内容也不同。

一是市场化运作的经营性项目，项目目标是通过销售产品或提供服务实现盈利，其财务效益主要是指所获取的营业收入。对于某些国家鼓励发展的经营性项目，可以获得增值税的优惠。按照有关会计及税收制度，先征后返的增值税应当作补贴收入，作为财务效益进行核算。在财务分析中，应根据国家规定的优惠范围确定是否可采用这些优惠政策。对先征后返的增值税，在财务分析中可进行有别于实际的处理，不考虑“征”和“返”的时间差。

二是对于以提供公共产品服务于社会或以保护环境等为目标的非经营性项目，往往没有直接的营业收入，也就没有直接的财务效益。这类项目需要政府提供补贴才能维持正常运转，应将补贴作为项目的财务收益，通过预算，计算需要补贴的数额。

三是对于为社会提供准公共产品或服务，且运营维护采用经营方式的项目，如市政公用设施、交通、电力等项目，其产出价格往往受到政府管制，营业收入可能基本满足或不能满足补偿成本的要求，有些需要在政府提供补贴的情况下才具有财务生存能力。因此，这类项目的财务效益包括营业收入和补贴收入。

四是项目所支出的费用主要包括投资、成本费用和税金等。

3.财务效益和费用采用的价格

财务分析应采用以市场价格体系为基础的预测价格。在建设期内，一般应考虑投入的相对价格变动及价格总水平变动。在运营期内，若能合理判断未来市场价格变动趋势，投入与产出可采用相对变动价格；若难以确定投入与产出的价格变动，一般可采用项目运营初期的价格；有特殊要求时，也可考虑价格总水平的变动。运营期财务效益和费用的估算采用的价格，应符合下列要求：

①效益和费用估算采用的价格体系应一致；

②采用预测价格，有要求时可考虑价格变动因素；

③对适用增值税的项目，运营期内投入和产出的估算表格可采用不含增值税价格；若采用含增值税价格，应予以说明，并调整相关表格。

4.财务效益和费用的估算步骤

财务效益和费用的估算步骤应与财务分析步骤相匹配。在进行融资前分析时，应先估算独立于融资方案的建设投资和营业收入，然后估算经营成本和流动资金。在进行融资后分析时，应先确定初步融资方案，然后估算建设期利息，进而完成固定资产原值的估算，通过还本付息计算求得运营期各年利息，最终完成总成本费用的估算。

（二）财务分析参数

财务分析参数包括计算、衡量项目的财务费用效益的各类计算参数和判定项目财务合理性的判据参数。

1.基准收益率

财务基准收益率系指工程项目财务评价中对可货币化的项目费用和效益采用折现方法计算财务净现值的基准折现率，是衡量项目财务内部收益率的基准值，是项目财务可行性和方案比选的主要判断依据。财务基准收益率反映了投资者对相应项目占用资金的时间价值的判断，应是投资者在相应项目上最低可接受的财务收益率。

财务基准收益率的测定应符合下列规定。

第一，在政府投资项目及按政府要求进行经济评价的工程项目中采用的行业财务基准收益率，应根据政府的政策导向进行确定。

第二，项目产出物（或服务）价格由政府进行控制和干预的项目，其行业财务基准收益率需要结合国家在一定时期的发展战略、发展规划、产业政策、投资管理规定、社会经济发展水平和公众承受能力等因素，权衡效率与公平、局部与整体、当前与未来、受益群体与受损群体等得失利弊，区分不同行业投资项目的实际情况，结合政府资源、宏观调控意图、履行政府职能等因素综合测定。

第三，在企业投资等其他各类建设项目的经济评价中参考选用的行业财务基准收益率，应在分析一定时期内国家和行业发展战略、发展规划、产业政策、资源供给、市场需求、资金时间价值、项目目标等情况的基础上，结合行业特点、行业资本构成情况等因素综合测定。

第四，对境外投资项目财务基准收益率的测定，应先考虑国家风险因素。

第五，投资者自行测定项目的最低可接受财务收益率时，应充分考虑项目资源的稀缺性、进出口情况、建设周期长短、市场变化速度、竞争情况、技术寿命、资金来源等，并根据自身的发展战略和经营策略、具体项目特点与风险、资金成本、机会成本等因素综合测定。

国家行政主管部门统一测定并发布的行业财务基准收益率，在政府投资项目以及按政府要求进行经济评价的建设项目中必须采用；在企业投资等其他各类建设项目的经济评价中可参考选用。

2.计算期

工程项目经济评价的计算期包括建设期和运营期。建设期应参照项目建设的合理工期或项目的建设进度计划合理确定；运营期应根据项目特点参照项目的合理经济寿命确定。计算现金流的时间单位，一般采用年，也可采用其他常用的时间单位。

3.财务评价判断参数

财务评价判断参数主要包括下列判断项目盈利能力的参数和判断项目偿债能力的参数：

①判断项目盈利能力的参数主要包括财务内部收益率、总投资收益率、项目资本金净利润率等指标的基准值或参考值；

②判断项目偿债能力的参数主要包括利息备付率、偿债备付率、资产负债率、流动比率、速动比率等指标的基准值或参考值。

国家有关部门（行业）发布的供项目财务分析使用的总投资收益率、项目资本金净利润率（即权益资金净利润率，下同）、利息备付率、偿债备付率、资产负债率、项目计算期、折旧年限、有关费率等指标的基准值或参考值，在各类工程项目经济评价中可参考选用。

（三）财务分析内容和指标

财务分析应在项目财务效益与费用估算的基础上进行。对于经营性项目，财务分析应通过编制财务分析报表，计算财务指标，分析项目的盈利能力、偿债能力和财务生存能力，判断项目的财务可接受性，明确项目对财务主体及投资者的价值贡献，为项目决策提供依据。对于非经营性项目，财务分析应主要分析项目的财务生存能力。

1.经营性项目财务分析

财务分析可分为融资前分析和融资后分析，一般宜先进行融资前分析，在融资前分析结论满足要求的情况下，初步设定融资方案，然后再进行融资后分析。在项目建议书阶段，可只进行融资前分析。融资前分析应以动态分析（考虑资金的时间价值）为主，静态分析（不考虑资金的时间价值）为辅。

（1）融资前分析

融资前动态分析应以营业收入、建设投资、经营成本和流动资金的估算为基础，考察整个计算期内现金流入和现金流出，编制项目投资现金流量表，利用资金时间价值的原理进行折现，计算项目投资内部收益率和净现值等指标。融资前分析排除了融资方案变化的影响，从项目投资总获利能力的角度，考察项目方案设计的合理性。融资前分析计算的相关指标，应作为初步投资决策与融资方案研究的依据和基础。

根据分析角度的不同，融资前分析可选择计算所得税前指标和（或）所得税后指标。

融资前分析也可计算静态投资回收期指标，用以反映收回项目投资所需要的时间。

（2）融资后分析

融资后分析应以融资前分析和初步的融资方案为基础，考察项目在拟定融资条件下的盈利能力、偿债能力和财务生存能力，判断项目方案在融资条件下的可行性。融资后分析用于比选融资方案，帮助投资者作出融资决策。融资后的盈利能力分析应包括动态分析和静态分析。

动态分析包括两个层次：一是项目资本金现金流量分析，应在拟定的融资方案下，从项目资本金出资者整体的角度，确定其现金流入和现金流出，编制项目资本金现金流量表，利用资金时间价值的原理进行折现，计算项目资本金财务内部收益率指标，考察项目资本金可获得的收益水平；二是投资各方现金流量分析，应从投资各方实际收入和支出的角度，确定其现金流入和现金流出，分别编制投资各方现金流量表，计算投资各方的财务内部收益率指标，考察投资各方可能获得的收益水平。当投资各方不按股本比例进行分配或有其他不对等的收益时，可选择进行投资各方现金流量分析。

静态分析是指不采取折现方式处理数据，依据利润与利润分配表计算项目资本金净利润率和总投资收益率指标。静态盈利能力分析可根据项目的具体情况选做。

盈利能力分析的主要指标包括项目投资财务内部收益率和财务净现值、项目资本金财务内部收益率、投资回收期、总投资收益率、项目资本金净利润率等，可根据项目的特点及财务分析的目的、要求等选用。

财务生存能力分析，应在财务分析辅助表和利润与利润分配表的基础上编制财务计划现金流量表，考察项目计算期内的投资、融资和经营活动所产生的各项现金流入和流出，计算净现金流量和累计盈余资金，分析项目是否有足够的净现金流量维持正常运营，以实现财务可持续性。财务可持续性应首先体现在有足够大的经营活动净现金流量，其次，各年累计盈余资金不应出现负值。若出现负值，应进行短期借款，同时分析该短期借款的年份长短和数额大小，进一步判断项目的财务生存能力。短期借款应体现在财务计划现金流量表中，其利息应计入财务费用。为维持项目正常运营，还应分析短期借款的可靠性。

2.非经营性项目财务分析

对于非经营性项目，财务分析可按下列要求进行。

第一，对没有营业收入的项目，不进行盈利能力分析，主要考察项目财务生存能力。此类项目通常需要政府长期补贴才能维持运营，应合理估算项目运营期各年所需的政府补贴数额，并分析政府补贴的可能性与支付能力。对有债务资金的项目，还应结合借款偿还要求进行财务生存能力分析。

第二，对有营业收入的项目，财务分析应根据收入抵补支出的程度，区别对待。收入补偿费用的顺序应为：补偿人工、材料等生产经营耗费，缴纳流转税，偿还借款利息，计提折旧和偿还借款本金。有营业收入的非经营性项目可分为下列两类。

一是营业收入在补偿生产经营耗费、缴纳流转税、偿还借款利息、计提折旧和偿还借款本金后尚有盈余，表明项目在财务上有盈利能力和生存能力，其财务分析方法与一般项目基本相同。

二是对一定时期内收入不足以补偿全部成本费用，但通过在运行期内逐步提高价格（收费）水平，可实现其设定的补偿生产经营耗费、缴纳流转税、偿还借款利息、计提折旧、偿还借款本金的目标，并预期在中、长期产生盈余的项目，可只进行偿债能力分析和财务生存能力分析。由于项目运营前期需要政府在一定时期内给予补贴，以维持运营，因此应估算各年所需的政府补贴数额，并分析政府在一定时期内可能提供财政补贴的能力。

三、建筑工程项目经济分析

建筑工程项目经济分析主要是通过经济费用效益对项目进行评价，作为决策的依据。经济费用效益分析应从资源合理配置的角度，分析项目投资的经济效率和对社会福利所作的贡献，评价项目的经济合理性。对于财务现金流量不能全面、真实地反映其经济价值，需要进行经济费用效益分析的项目，应将经济费用效益分析的结论作为项目决策的主要依据之一。

（一）经济分析的范围

对于财务价格扭曲，不能真实反映项目产出的经济价值，财务成本不能包含项目对资源的全部消耗，财务效益不能包含项目产出的全部经济效果的项目，需要进行经济费用效益分析。下列类型项目应进行经济费用效益分析：

①具有垄断特征的项目；

②产出具有公共产品特征的项目；

③外部效果显著的项目；

④资源开发项目；

⑤涉及国家经济安全的项目；

⑥受过度行政干预的项目。

（二）经济效益和费用的识别及计算

项目经济效益和费用的识别应符合下列规定：

①遵循“有无对比”的原则；

②对项目所涉及的所有成员及群体的费用和效益进行全面分析；

③正确识别正面和负面外部效果，防止误算、漏算或重复计算；

④合理确定效益和费用的空间范围及时间跨度；

⑤正确识别和调整转移支付，根据不同情况区别对待。

经济效益的计算应遵循支付意愿原则和（或）接受补偿意愿原则；经济费用的计算应遵循机会成本原则。经济效益和经济费用可直接识别，也可通过调整财务效益和财务费用得到。经济效益和经济费用应采用影子价格计算，具体包括货物影子价格、影子工资、影子汇率等。

效益表现为费用节约的项目，应根据“有无对比”原则进行分析，计算节约的经济费用，计入项目相应的经济效益。

对于表现为时间节约的运输项目，其经济价值应采用“有无对比”分析方法，根据不同人群、货物、出行目的等，计算时间节约价值；根据不同人群及不同出行目的对时间的敏感程度，分析受益者为得到这种节约所愿意支付的货币数量，测算出行时间节约的价值。根据不同货物对时间的敏感程度，分析受益者为了得到这种节约所愿意支付的价格，测算其时间节约的价值。

外部效果系指项目的产出或投入无意识地给他人带来费用或效益，且项目却没有为此付出代价或为此获得收益。为防止外部效果计算扩大化，一般只应计算一次相关效果。环境及生态影响的外部效果是经济费用效益分析必须加以考虑的一种特殊形式的外部效果，应尽可能对项目所带来的环境影响的效益和费用（损失）进行量化和货币化，将其列入经济现金流。环境及生态影响的效益和费用，应根据项目的时间范围和空间范围、具体特点、评价的深度要求及资料占有情况，采用适当的评估方法与技术对环境影响的外部效果进行识别、量化和货币化。

（三）经济费用效益分析

经济费用效益分析应采用以影子价格体系为基础的预测价格，不考虑价格总水平变动因素。项目经济费用效益分析采用社会折现率对未来经济效益和经济费用流量进行折现。

经济费用效益分析可在直接识别估算经济费用和经济效益的基础上，利用表格计算相关指标；也可在财务分析的基础上将财务现金流量转换为经济效益与费用流量，利用表格计算相关指标。如果项目的经济费用和效益能够进行货币化，应在费用效益识别和计算的基础上，编制经济费用效益流量表，计算经济费用效益分析指标，分析项目投资的经济效益，具体可以采用经济净现值、经济内部收益率、经济效益费用比等指标。

在完成经济费用效益分析之后，应分析对比经济费用效益与财务现金流量之间的差异，并根据需要对财务分析与经济费用效益分析结论之间的差异进行分析，找出受益或受损群体，分析项目对不同利益相关者在经济上的影响程度，并提出改进资源配置效率的建议。

（四）费用效果分析

对于效益和费用可以货币化的项目应采用上述经济费用效益分析方法。对于效益难以货币化的项目，应采用费用效果分析方法；对于效益和费用均难以量化的项目，应进行定性经济费用效益分析。

费用效果分析是通过比较项目预期的效果与所支付的费用，判断项目的费用有效性或经济合理性。效果难以或不能货币化，或货币化的效果不是项目目标的主体时，在经济评价中应采用费用效果分析法，其结论作为项目投资决策的依据之一。

（五）区域经济与宏观经济影响分析

区域经济影响分析是指从区域经济的角度出发，分析项目对所在区域乃至更大范围的经济发展的影响。宏观经济影响分析是指从国民经济整体的角度出发，分析项目对国家宏观经济各方面的影响。直接影响范围限于局部区域的项目应进行区域经济影响分析，直接影响国家经济全局的项目应进行宏观经济影响分析。具备下列部分或全部特征的特大型建设项目应进行区域经济或宏观经济影响分析：一是项目投资巨大、工期超长（跨五年计划或十年规划）；二是项目实施前后对所在区域或国家的经济结构、社会结构以及群体利益格局等有较大改变；三是项目导致技术进步和技术转变，引发关联产业或新产业群体的发展变化；四是项目对生态与环境影响大、影响范围广；五是项目对国家经济安全影响较大；六是项目对区域或国家长期财政收支影响较大；七是项目的投入或产出对进出口影响大；八是其他对区域经济或宏观经济有重大影响的项目。

1.区域经济与宏观经济影响分析内容

区域经济与宏观经济影响分析应立足于项目的实施能够促进和保障经济有序、高效运行和可持续发展，分析重点应是项目与区域发展战略和国家长远规划的关系。分析内容应包括直接贡献和间接贡献、有利影响和不利影响等。

（1）直接贡献

项目对区域经济或宏观经济的直接贡献通常表现在促进经济增长，优化经济结构，提高居民收入，增加就业，减少贫困，扩大进出口，改善生态环境，增加地方或国家财政收入，保障国家经济安全等方面。

（2）间接贡献

项目对区域经济或宏观经济影响的间接贡献表现在促进人口合理分布和流动，促进城市化，带动相关产业，克服经济瓶颈，促进经济社会均衡发展，提高居民生活质量，合理开发、有效利用资源，促进技术进步，提高产业国际竞争力等方面。

（3）不利影响

项目可能产生的不利影响包括：非有效占用土地资源、污染环境、破坏生态平衡、危害历史文化遗产；出现供求关系与生产格局的失衡，引发通货膨胀；冲击地方传统经济；产生新的相对贫困阶层及隐性失业；对国家经济安全可能带来的不利影响等。

2.区域经济与宏观经济影响分析指标

区域经济与宏观经济影响分析应遵循系统性、综合性、定性分析与定量分析相结合的原则。分析的指标体系宜由经济总量指标、经济结构指标、社会与环境指标等构成。

（1）经济总量指标

反映项目对国民经济总量的贡献，包括增加值、净产值、纯收入、财政收入等经济指标；总量指标可使用当年值、净现值总额和折现年值。

（2）经济结构指标

反映项目对经济结构的影响，主要包括产业结构、就业结构、影响力系数等指标。

（3）社会与环境指标

主要包括就业效果指标、收益分配效果指标、资源合理利用指标和环境影响效果指标等。在分析项目对贫困地区经济的贡献时，可设置贫困地区收益分配比重指标。

第三章　建筑工程设计阶段造价控制

第一节　建筑工程设计阶段造价控制的基本知识

一、工程项目设计

（一）工程项目设计的概念

工程项目设计是指在工程项目立项以后，按照设计任务书的要求，对工程项目的各项内容进行设计并以一定载体（图纸、文件等）表现出工程项目决策主旨的过程。一般以设计成果作为备料、施工组织以及各工种在制作和建造工作中互相配合协作的共同依据，便于整个工程项目在预定的投资限额范围内，按照经过周密考虑的预定方案顺利进行，充分满足各方的要求。

（二）工程项目设计阶段的划分

为保证工程项目设计和施工工作有机配合和衔接，要对工程项目设计阶段进行划分。一般工业与民用工程项目设计按初步设计和施工图设计两个阶段进行，即“两阶段设计”；对于技术比较复杂而又缺乏设计经验的项目，可按初步设计、扩大初步设计（技术设计）和施工图设计三个阶段进行，即“三阶段设计”；对于技术要求简单的工程项目，经有关主管部门同意，并且合同中也有不做初步设计的约定，可在方案设计审批后直接进入施工图设计阶段。

工程项目确定设计阶段之后，即按照设计准备（方案设计）、编制各阶段的设计文件、配合施工、参加验收和进行总结等程序开始设计工作。

（三）工程项目设计阶段的内容及深度

根据《建筑工程设计文件编制深度规定》（2016年版），各阶段设计文件编制的内容及深度应符合相关要求。

1.方案设计文件

方案设计文件应满足编制初步设计文件和方案审批或报批的需要，主要内容有。

①设计说明书，包括各专业设计说明以及投资估算等内容。对于涉及建筑节能、环保、绿色建筑、人防等设计的专业，其设计说明应有相应的专门内容。

②总平面图以及相关建筑设计图纸。

③设计委托或设计合同中规定的透视图、鸟瞰图、模型等。

各项内容编制完成后，应按照封面（写明项目名称、编制单位、编制年月），扉页（写明编制单位法定代表人、技术总负责人、项目总负责人及各专业负责人的姓名，并经上述人员签署或授权盖章），设计文件目录，设计说明书（含设计依据、设计要求、主要技术经济指标、总平面设计说明、建筑设计说明、结构设计说明、建筑电气设计说明、给水排水设计说明、供暖通风与空气调节设计说明、热能动力设计说明和投资估算文件），设计图纸（含总平面设计图纸、建筑设计图纸和热能动力设计图纸）的顺序进行编排。

2.初步设计文件

初步设计文件应满足编制施工图设计文件和初步设计审批的需要，主要内容有：

①设计说明书，包括设计总说明、各专业设计说明，对于涉及建筑节能、环保、绿色建筑、人防、装配式建筑等设计的专业，其设计说明应有相应的专项内容；

②有关专业的设计图纸；

③主要设备或材料表；

④工程概算书；

⑤有关专业计算书（不属于必须交付的初步设计文件）。

各项内容编制完成后，应按照封面（写明项目名称、编制单位、编制年月），扉页（写明编制单位法定代表人、技术总负责人、项目总负责人和各专业负责人的姓名，并经上述人员签字或授权盖章），设计文件目录，设计说明书，设计图纸（可单独成册），概算书（应单独成册）的顺序进行编排。

其中，在初步设计阶段，设计总说明含工程设计依据、工程建设的规模和设计范围、总指标、设计要点综述、提请在设计审批时需解决或确定的主要问题；总平面专业和建筑专业的设计文件分别含设计说明书和设计图纸；结构专业的设计文件含设计说明书、结构布置图和计算书；建筑电气专业设计文件含设计说明书、设计图纸、主要电气设备表和计算书；给水排水专业设计文件含设计说明书、设计图纸、设备及主要材料表和计算书；供暖通风与空气调节和热能动力专业的设计文件分别含设计说明书，除小型、简单工程外，还含设计图纸、设备表和计算书。

3.施工图设计文件

施工图设计文件应满足设备材料采购、非标准设备制作和施工的需要。对于将项目分别发包给几个设计单位或实施设计分包的情况，设计文件相互关联处的深度应满足各承包或分包单位设计的需要，主要内容如下。

①合同要求所涉及的所有专业的设计图纸（含图纸目录、说明和必要的设备、材料表）以及图纸总封面，对于涉及建筑节能设计的专业，其设计说明应有建筑节能设计的专项内容；涉及装配式建筑设计的专业，其设计说明及图纸

应有装配式建筑专项设计的内容。

②合同要求的工程概算书（对于方案设计后直接进入施工图设计的项目，若合同未要求编制工程概算书，则施工图设计文件应包括工程概算书）。

③各专业计算书（不属于必须交付的设计文件，但应编制并归档保存）。

总封面的内容包括：项目名称，设计单位名称，项目的设计编号，设计阶段，编制单位法定代表人、技术总负责人和项目总负责人的姓名及其签字或授权盖章，设计日期（即设计文件交付日期）。

其中，在施工图设计阶段，总平面专业、建筑专业、结构专业的设计文件含图纸目录、设计说明、设计图纸和计算书；建筑电气专业的设计文件含图纸目录、设计说明、设计图纸、主要设备表和电气计算部分计算书；给水排水专业的设计文件含图纸目录、施工图设计说明、设计图纸、设备及主要材料表和计算书；供暖通风与空气调节专业的设计文件含图纸目录、设计与施工说明、设备表、设计图纸和计算书；热能动力专业的设计文件含图纸目录、设计说明和施工说明、设备及主要材料表、设计图纸和计算书。

二、建筑工程设计阶段造价控制的内容

建筑工程设计阶段是进行工程项目技术经济分析的关键环节，也是有效控制工程造价的重要阶段。在建筑工程设计阶段，工程造价控制人员需要密切配合设计人员，协助其处理好项目技术先进性与经济合理性之间的关系；在初步设计阶段，要按照可行性研究报告及投资估算进行多方案的技术经济比较，确定初步设计方案；在施工图设计阶段，要按照审批的初步设计内容、范围和概算造价进行技术经济评价与分析，确定施工图设计方案。

除此之外，要通过推行限额设计和标准化设计等，在采用多方案技术经济分析的基础上，优化设计方案，科学编制设计概算和施工图预算及相关内容，有效地控制工程造价。

三、建筑工程设计阶段影响工程造价的因素

国内外相关研究表明，设计阶段的费用仅占工程总费用的1%～2%，但在工程项目决策正确的前提下，该阶段对工程造价的影响程度高达75%。

（一）影响工业工程项目工程造价的主要因素

1.总平面设计

总平面设计主要指总图运输设计和总平面配置，主要包括：厂址方案、占地面积、土地利用情况；总图运输、主要建筑物和构筑物及公用设施的配置；外部运输、水、电、气及其他外部协作条件等。

总平面设计对整个设计方案的经济合理性有重大影响，正确合理的总平面设计可大幅度缩减项目工程量，减少建设用地，节约建设投资，加快工程建设进度，降低工程造价和工程项目运营后的使用成本，并为企业创造良好的生产组织、经营条件和生产环境。总平面设计中影响工程造价的主要因素主要有以下几个。

（1）占地面积

占地面积的大小一方面影响征地费用的多少，另一方面也影响管线布置成本和项目运营的运输成本，因此在满足工程项目基本使用功能的基础上，应尽可能节约用地。

（2）功能分区

合理的功能分区既可以充分发挥建筑物的各项功能，又可以使总平面布置紧凑、安全。对工业工程项目来说，合理的功能分区除上述作用外还可以使生产工艺流程顺畅，从全生命周期造价控制的角度考虑，可以使运输简便，降低项目建成后的运营成本。

（3）现场条件

现场条件是制约设计方案的重要因素之一，其对工程造价的影响主要体现

在：地质、水文、气象条件等影响基础形式的选择和基础的埋深（持力层、冻土线）；地形地貌影响平面及室外标高的确定；场地大小、邻近建筑物地上附着物等影响平面布置、建筑层数、基础形式及埋深。

（4）运输方式

运输方式决定运输效率及成本。例如，有轨运输的运量大，运输安全，但是需要一次性投入大量资金；无轨运输无须一次性大规模投资，但运量小、安全性较差。因此，要综合考虑工程项目生产工艺流程和功能区的要求以及建设场地等具体情况，选择经济合理的运输方式。

2.建筑设计

在进行建筑设计时，设计人员应首先考虑建设单位所要求的建筑标准，根据建筑物或构筑物的使用性质、功能以及建设单位的经济实力等因素确定设计方案；其次应在考虑施工条件和施工过程的合理组织的基础上，确定工程的立体平面设计和结构方案的工艺要求。设计阶段影响工程造价的主要因素主要有以下几点。

（1）平面形状

一般来说，建筑物平面形状越简单，单位面积造价就越低。在同样的建筑面积下，建筑物平面形状不同，建筑周长系数 K 也不同。通常，建筑周长系数 K 越小，设计越经济。另外，施工难易程度及建筑物美观和使用要求也影响工程造价。因此，建筑物平面形状的设计应在满足建筑物使用功能的前提下，降低建筑周长系数 K，保证建筑平面形状简洁，布局合理，从而降低工程造价。

（2）流通空间

门厅、走廊、过道、楼梯及电梯井等的流通空间并不是为了获利而设置，但采光、采暖、装饰、清扫等方面的费用却很高，因此在满足建筑物使用要求的前提下，应在满足相关要求的基础上尽量减少流通空间，以控制工程造价。

（3）空间组合

空间组合包括建筑物的层高、层数、室内外高差等因素。在建筑面积不变的情况下，建筑层高的增加会引起各项费用的增加，如基础造价的增加、楼梯造价和电梯设备造价的增加以及屋面造价的增加等。建筑物层数对造价的影响因建筑类型、结构和形式的不同而不同。层数不同，则荷载不同，对基础的要求也不同，同时也影响占地面积和单位面积造价。如果增加一个楼层不影响建筑物的结构形式，则单位建筑面积的造价可能会降低。但是当建筑物超过一定层数时，结构形式就要改变，单位造价通常会增加。室内外高差过大，则建筑物的工程造价提高；高差过小，又影响使用，不符合卫生要求，因此应选择合适的高差。

（4）建筑物的体积与面积

建筑物尺寸的增加，一般会引起单位面积造价的降低。对于同一项目，固定费用不一定会随着建筑体积和面积的增大而有明显的变化。一般情况下，随着建筑物体积和面积的增大，单位面积固定费用反而会减少。

（5）建筑结构

建筑结构的选择既要满足力学要求，又要考虑其经济性。对于五层以下的建筑物，一般选用砌体结构；对于大中型工业厂房，一般选用钢筋混凝土结构；对于多层房屋或大跨度结构，钢结构明显优于钢筋混凝土结构；对于高层或者超高层结构，框架结构和剪力墙结构比较经济。由于各种建筑体系的结构各有利弊，在选用建筑结构类型时应结合实际，因地制宜，就地取材，采用经济合理的结构形式。

（6）柱网布置

对于工业工程项目，柱网布置对结构的梁板配筋及基础的大小会产生较大影响，从而对工程造价和厂房面积的利用效率都有较大影响。柱网布置是确定柱子跨度和间距的依据。柱网的选择与厂房中有无吊车、吊车的类型及吨位、屋顶的承重结构以及厂房的高度等因素有关。对于单跨厂房，当柱子间距不变时，跨度越大单位面积造价越低。因为除屋架外，其他结构架分摊在单位面积上的平均造价随跨度的增加而减小。对于多跨厂房，当跨度不变时，中跨数目越多越经济，这是因为柱子和基础分摊在单位面积上的造价减少。

3.工艺设计

工艺设计中影响工程造价的主要因素包括：建设规模、标准和产品方案；工艺流程和主要设备的选型；主要原材料、燃料供应情况；生产组织及生产过程中的劳动定员情况；“三废”治理及环保措施；等等。

4.材料选用

建筑材料的选择是否合理，不仅会直接影响工程的质量、使用寿命、耐火抗震性能，还会对施工费用、工程造价造成很大的影响。建筑材料一般占人工费、材料费、施工机具使用费及措施费之和的70%左右，降低材料费用，不但可以降低以上费用，还可以降低规费和企业管理费。因此，设计阶段合理选择建筑材料、控制材料单价或工程量，是控制工程造价的有效途径。

5.设备选用

现代建筑功能的实现越来越依赖设备，一般楼层越多，设备系统越庞大，如建筑物内部空间的“交通工具”（电梯等）、室内环境的调节设备（空调、通风、采暖等）等，各个系统的分布占用空间都在考虑之列，既有面积、高度的限制，又有位置的优选和规范的要求。因此，设备配置是否得当，直接影响建筑产品整个寿命周期的成本。

设备选用的重点因设计形式的不同而不同，应选择能满足生产工艺和生产能力要求的最适用的设备和机械，同时还应充分考虑设备对自然环境的影响，要注意节约能源。

（二）影响民用工程项目工程造价的主要因素

民用工程项目设计是根据建筑物的使用功能要求，确定建筑标准、结构形式、建筑物空间与平面布置以及建筑群体配置等的过程。民用建筑设计包括住宅设计、公共建筑设计以及住宅小区设计。住宅建筑是民用建筑中数量最多、最主要的建筑形式。

1.住宅小区建设规划中影响工程造价的主要因素

在进行住宅小区建设规划时，要根据小区的基本功能和要求，确定各构成部分的合理层次与关系，据此安排住宅建筑、公共建筑、管网、道路及绿地的布局，确定合理的人口与建筑密度、房屋间距和建筑层数，布置公共设施项目、规模及服务半径，以及水、电、热、燃气的供应等，并划分包括土地开发在内的上述各部分的投资比例。小区规划设计的核心问题是如何提高土地利用率。

（1）占地面积

住宅小区的占地面积不仅直接决定着土地费用的高低，还决定着小区内道路、工程管线的长度以及公共设备的数量，而这些费用对小区建设投资的影响通常很大。

（2）建筑群体的布置形式

建筑群体的布置形式对用地的影响不容忽视，通过采取高低搭配、点面结合、前后错列以及局部东西向布置、斜向布置或拐角单元等手法节省用地。在保证小区居住功能的前提下，适当集中公共设施，提高公共建筑的层数，合理布置道路，充分利用小区内的边角用地，有利于提高建筑密度，降低小区的总造价。或者通过合理压缩建筑的间距、适当提高住宅层数或高低层搭配等方式节约用地。

2.民用住宅建筑设计中影响工程造价的主要因素

（1）建筑物平面形状和周长系数

在民用住宅中，一般都建造矩形和正方形住宅，既有利于施工，又能降低造价和方便使用。在矩形住宅建筑中，又以长宽比等于 2 为佳。一般住宅单元以 3～4 个住宅单元、房屋长度 60～80 m 较为经济。在满足住宅功能和保证建筑质量的前提下，应适当加大住宅宽度，这是因为宽度加大，墙体面积系数相应减少，有利于降低造价。

（2）住宅的层高和净高

根据不同性质的工程综合测算，住宅层高每降低 10 cm，可降低造价 1.2%～

1.5%。层高降低还可提高住宅区的建筑密度，节约土地成本及市政设施费。但是，设计层高时还要考虑采光与通风问题，层高过低不利于采光及通风，因此民用住宅的层高一般不宜低于 2.8 m。

（3）住宅的层数

在民用建筑中，在一定幅度内，住宅层数的增加具有降低造价和使用费用，以及节约用地的优点。一般情况下，随着住宅层数的增加，单方造价系数在逐渐降低，即层数越多越经济，而且边际造价系数也在逐渐减小。这说明随着层数的增加，单方造价系数下降幅度减缓，下面以砖混结构多层住宅为例来说明该关系，如表 3-1 所示。

表 3-1　砖混结构多层住宅层数与工程造价的关系

住宅层数/层	一	二	三	四	五	六
单方造价系数/%	138.05	116.95	108.38	103.51	101.68	100
边际造价系数/%	—	−21.1	−8.57	−4.87	−1.83	−1.68

（4）住宅单元组成、户型和住户面积

衡量单元组成、户型设计的指标是结构面积系数，系数越小设计方案越经济。结构面积系数除与房屋结构有关外，还与房屋外形及其长度和宽度有关，同时也与房间平均面积大小和户型组成有关。房间平均面积越大，内墙、隔墙在建筑面积中所占比重就越小。

（5）住宅建筑结构的选择

随着我国工业化水平的提高，住宅工业化建筑体系的结构形式多种多样，考虑工程造价时应根据实际情况，因地制宜、就地取材，采用适合本地区的经济、合理的结构形式。

（三）影响工程造价的其他因素

除以上因素外，在设计阶段影响工程造价的因素还包括以下几方面。

1.项目相关者的利益

设计单位和人员在设计过程中要综合考虑业主、承包商、建设单位、施工单位、监管机构、咨询企业、运营单位等利益相关者的要求和利益，避免后期出现频繁的设计变更而导致工程造价的增加。

2.设计单位和设计人员的知识水平

设计单位和设计人员的知识水平对工程造价的影响是客观存在的。为了有效地降低工程造价，设计单位和设计人员首先要能充分利用现代设计理念，运用科学的设计方法优化设计成果；其次要善于将技术与经济相结合，运用价值工程理论优化设计方案；最后应及时与造价咨询单位进行沟通，使得造价咨询人员能够在前期设计阶段就参与项目，并推广使用EPC（设计—采购—施工）模式，实现技术与经济的完美结合。

3.风险因素

设计阶段承担着重大的风险，该阶段对后面的工程招标和施工有着重要的影响。要预测工程项目可能遇到的各类风险并提供相应的应对措施，依据“风险识别、风险评估、风险响应、风险控制”的流程为项目的后续实施选择规避、转移、减轻或接受风险。该阶段是确定工程项目总造价的一个重要阶段，决定着项目的总体造价水平。

第二节　建筑工程限额设计

限额设计是建筑工程造价控制系统中的一个重要环节，是设计阶段进行技术经济分析，实施工程造价控制的一项重要措施。

一、限额设计的概念、要求及意义

（一）限额设计的概念

限额设计是指按照批准的可行性研究报告及其中的投资估算控制初步设计，按照批准的初步设计概算控制技术设计和施工图设计，按照施工图预算造价对施工图设计的各专业设计进行限额分配设计的过程。限额设计的控制对象是影响工程项目设计的静态投资或基础项目。

在限额设计中，要使各专业设计在分配的投资限额内进行设计，并保证各专业满足使用功能的要求，严格控制不合理变更，保证总的投资额不被突破。同时工程项目技术标准不能降低，建设规模也不能削减，即限额设计需要在投资额度不变的情况下，实现使用功能的最优化和建设规模的最大化。

（二）限额设计的要求

第一，根据批准的可行性研究报告及其投资估算的数额来确定限额设计的目标。由总设计师提出，经设计负责人审批下达，其总额度一般按人工费、材料费及施工机具使用费之和的90%左右下达，以便给各专业设计留有一定的机动调节指标，限额设计指标用完后，必须经过批准才能调整。

第二，采用优化设计，保证限额目标的实现。优化设计是保证投资限额及控制造价的重要手段。优化设计必须根据实际问题的性质，选择不同的优化方法。对于一些确定性的问题，如投资额、资源消耗、时间等有关条件已经确定的，可采用线性规划、非线性规划、动态规划等理论和方法进行优化；对于一些非确定性的问题，可以采用排队论、对策论等方法进行优化；对于涉及流量大、路途较短、费用不多的问题，可以采用图形和网络理论进行优化。

第三，严格按照建设程序办事。

第四，重视设计的多方案优选。

第五，认真控制每一个设计环节及每项专业设计。

第六，建立设计单位的经济责任制度。在分解目标的基础上，科学地确定造价限额，责任落实到人。审查时，既要审技术，又要审造价，把审查作为造价动态控制的一项重要措施。

（三）限额设计的意义

第一，限额设计是按上一阶段批准的投资或造价控制下一阶段的设计，而且在设计中以控制工程量为主要手段，抓住了控制工程造价的核心，从而克服了“三超”问题。

第二，限额设计有利于处理好技术与经济的对立统一关系，有利于提高设计质量。限额设计并不是一味地考虑节约投资，也绝不是简单地将设计孤立，而是在“尊重科学、尊重实际、实事求是、精心设计”的原则下进行的。限额设计可促使设计单位处理好设计与经济的对立统一关系，克服长期以来重设计、轻经济的思想，让设计人员形成高度责任感。

第三，限额设计能扭转设计概预算本身的失控现象。限额设计可促使设计单位加强内部沟通，使设计和概预算形成有机的整体，克服相互脱节问题；可以增强设计人员的经济意识，在设计中，各自检查本专业的工程费用，切实做好工程造价控制工作，转变以往“设计过程不算账，设计完了见分晓”的理念，由“画了算”变成“算着画”。

二、限额设计的内容及全过程

（一）限额设计的内容

由限额设计的概念可知，限额设计的内容主要体现在可行性研究中的投资估算、初步设计和施工图设计三个阶段。同时，在BIM（建筑信息模型）技术并未全面普及，仍存在大量变更的情况下，还应考虑设计变更的限额设计内容。

1.投资估算阶段

投资估算阶段是限额设计的关键。例如，对政府投资项目而言，决策阶段的可行性研究报告是政府部门核准投资总额的主要依据，而批准的投资总额则是进行限额设计的重要依据。为此，应在多方案技术经济分析和评价后确定最终方案，提高投资估算的准确度，合理确定设计的限额目标。

2.初步设计阶段

初步设计阶段需要依据最终确定的可行性研究报告及投资估算，按照专业对影响投资的因素进行分解，并将规定的投资限额传达给各专业设计人员。设计人员应用价值工程的基本原理，通过多方案技术经济比选，制订出价值较高、技术经济性较为合理的初步设计方案，并将设计概算控制在批准的投资估算内。

3.施工图设计阶段

施工图是设计单位的最终成果文件之一，应按照批准的初步设计方案进行限额设计，施工图预算需控制在批准的设计概算范围内。

4.设计变更

在初步设计阶段，设计外部条件制约及主观认识的局限性，往往会造成施工图设计阶段及施工过程中的局部修改和变更，这会导致工程造价发生变化。

设计变更应尽量提前。变更发生得越早，损失越小；反之，损失就越大。如在设计阶段变更，则只是修改图纸，其他费用尚未发生，损失有限；如果在采购阶段变更，则不仅要修改图纸，还要重新采购设备、材料；如在施工阶段变更，则除上述费用外，已经施工的工程还要拆除，势必造成重大损失。为此，必须加强设计变更管理，尽可能把设计变更控制在设计初期，对于非发生不可的设计变更，应尽量事前预计，以减少变更对工程造成的损失。尤其是对造价权重影响较大的变更，应采取先计算造价再进行变更的办法，使工程造价在事前得以有效控制。

限额设计控制工程造价可以从两方面着手：一方面，按照限额设计的过程从前往后依次进行控制，称为纵向控制；另一方面，对设计单位及内部各专业设计人员进行设计考核，进而保证设计质量的控制，称为横向控制。对于横向控制，首先必须明确各设计单位内部对限额设计所担负的责任，按专业对项目投资进行分配，并分段考核，下段指标不得突破上段指标，责任落实越细，效果就越明显。其次，要建立健全奖惩制度，设计单位在保证设计功能及安全的前提下，采用“四新”措施节约了造价的，应根据节约的额度大小给予奖励；因设计单位设计错误、漏项或改变标准及规模而导致工程投资超支的，要视其比例扣减设计费。

（二）限额设计的全过程

限额设计的程序是工程项目造价目标的动态体现，其主要过程如下：

①用投资估算的限额控制各单项或单位工程的设计限额；

②根据各单项或单位工程的分配限额进行初步设计；

③用初步设计的设计概算（或修正概算）判定设计方案的造价是否符合限额要求，如果超过限额，就修正初步设计；

④当初步设计符合限额要求后，就进行初步设计决策并确定各单位工程的施工图设计限额；

⑤判定各单位工程的施工图预算是否在概算或限额控制内，若不满足就修正限额或修正各专业施工图设计；

⑥当施工图预算造价满足限额要求时，施工图设计的经济论证就通过，限额设计的目标就得以实现，从而可以进行正式的施工图设计及归档。

第三节　建筑工程设计概算的编制

一、设计概算的编制要求及编制依据

（一）设计概算的编制要求

①设计概算应按编制时（期）项目所在地的价格水平编制，总投资应完整地反映编制时工程项目的实际投资；

②设计概算应考虑工程项目施工条件等因素对投资的影响；

③按项目合理工期预测建设期价格水平，以及资产租赁和贷款的时间价值等动态因素对投资的影响；

④工程项目概算总投资还应包括固定资产投资方向调节税（暂停征收）和（铺底）流动资金。

（二）设计概算的编制依据

根据《建设项目设计概算编审规程》（CECA/GC 2-2015），设计概算的编制依据是指编制项目概算所需的一切基础资料，主要包括以下几个方面：

①批准的可行性研究报告；

②工程勘察与设计文件或设计工程量；

③项目涉及的概算指标或定额，以及工程所在地编制同期的人工、材料、机械台班市场价格，相应工程造价控制机构发布的概算定额（或指标）；

④国家、行业和地方政府有关法律、法规或规定，政府有关部门、金融机构等发布的价格指数、利率、汇率、税率，以及工程建设其他费用等；

⑤资金筹措方式；

⑥正常的施工组织设计或拟定的施工组织设计和施工方案；

⑦项目涉及的设备材料供应方式及价格；

⑧项目的管理（含监理）、施工条件；

⑨项目所在地区有关的气候、水文、地质地貌等自然条件；

⑩项目所在地区有关的经济、人文等社会条件；

⑪项目的技术复杂程度，以及新技术、专利使用情况等；

⑫有关文件、合同、协议等；

⑬委托单位提供的其他技术经济资料；

⑭其他相关资料。

二、设计概算的编制过程

（一）整体情况

工程造价的确定与管理贯穿工程项目的全过程，项目进入初步设计阶段后，设计概算是控制工程造价的重要依据。可以说，概算关系着工程建设的整体情况。编制设计概算时要考虑工程产品信息、生产规模、相关标准法规、工程地点选址、施工工艺、设备材料等因素，这些因素都会对工程决策造成影响，进而导致工程概算发生变化。

初步设计概算是工程造价控制的关键，虽然设计费用占工程总费用的比例并不高，但是其对工程后续建设有着决定性的影响。为了保证概算发挥应有的作用，初步设计概算需要包括概算编制期价格、费率、利率、汇率等静态投资，编制期到竣工验收前价格变化等因素造成的动态投资两部分。以静态投资作为工程初步设计和施工图预算的依据，动态投资则作为成本控制的限额，确保设计方案的科学性与可行性，完成概算的编制工作。

（二）编制步骤

在概算编制过程中，要按照相应的流程开展工程概算工作，以确保概算的准确性，避免概算编制出现问题。工程概算编制首先要收集和整理有关数据资料。其次要进行市场调查，为概算编制提供真实可靠的市场参考价格。再次要利用收集的数据资料和调查结果，与同类的工程进行对比，为概算编制提供参考，避免概算编制出现问题，影响工程造价控制。最后在前期准备工作完成后，就可以采用工程量计算、定额套用等方式完成工程项目概算的编制。在编制时需要明确重点和关键内容，降低概算编制的错误概率，提高概算水平。其具体的编制流程如下。

1.相关数据资料的收集

在概算工作开始之前，需要做好前期的数据收集工作，为概算编制提供数据基础，前期的数据收集工作主要包括收集与设计概算有关的资料，以便于确认概算编制方法。收集这些资料的目的是为概算的编制提供依据，以确保概算的准确性，这一阶段数据收集得越完整，数据准确性越高，编制的概算就越准确，对工程造价控制的价值就越大。

收集的资料包括但不限于同类建筑的造价信息、项目所在地区的政策条件、当地定额和材料的价格、人工及设备费用、施工条件等。通过这些资料能够最真实地反映工程项目建设所需要的相关数据，为概算的编制提供准确的参考。尤其是工程所在地区的政策条件，对于工程概算的编制影响最大，需要重点进行关注，防止政策环境发生变化，对工程概算编制造成不良影响。

2.市场调查

市场调查是指在工程概算编制前，派遣专人对市场进行调查，了解项目建设所需要的材料类型、价格、市场行情和人们的认可情况等，结合市场供需关系，了解市场发展动向，确定工程建设中最合理的基础材料成本，为概算的编制提供参考。市场调查工作对概算编制影响非常明显，由于市场调查工作量较大，所以在实施过程中需要制订科学的调查方案，确保调查工作的系统性，同时保障调查数据收集的完整性。在市场调查完成后，需要对调查的数据进行整理，并且分析评估数据的真实性、准确性，明确数据的使用价值，为概算编制提供参考。

3.同类工程设计资料收集

工程项目概算的编制可以参考同类工程的设计方案，提高初步设计概算的精确性。对同类工程设计方案资料进行收集和分析能够直观地看到同类工程设计的优点和存在的问题，从而对项目的初步设计进行优化，避免由于盲目进行初步设计给整体方案带来隐患。在同类工程设计资料的收集过程中，首先需要对目标工程项目进行筛选，明确工程项目特点和设计特征，与本工程进行对比，尽量选择各方面条件较相似的项目。在工程项目选择完成后，收集目标工程的关键设计资料，重点分析该项目设计过程中存在的问题和解决方法，为本工程设计方案的优化提供参考，提高设计的科学性，降低设计风险。

4.工程量计算

确定工程量是设计概算过程中必须要处理的重大问题，确定的工程量准确度越高，确定的时间越短，那么初步设计概算工作开展得就越顺利，在工程造价控制过程中发挥的作用就越大。在计算工程量时，需要了解定额规定，加强计算人员与设计人员的沟通，从而对初步设计图纸进行完善，准确计算工程量，为工程造价控制和施工建设提供帮助。由于工程量的计算直接关系到工程造价控制的有效性与工程概算的准确性，所以必须由专业技术水平较高的造价人员计算工程量，避免由于工程量计算误差影响概算编制。

5.定额套用

定额套用是初步设计概算中非常重要的内容，必须严格按照规范的要求进行。工程项目领域设计概算要按照国家相关的设计方法和计算公式，按照不同的取费标准进行计算。所以，在进行定额套用之前，必须详细地了解定额，不能“漏套”或“冒算”，尤其是在套用施工内容和安装方式时，要仔细区分和确认项目，提高定额套用的准确性。在定额套用完成后，为了保证其准确性，可以建立定额套用审查机制，对定额套用情况进行审核，降低定额套用风险，提高概算编制的水平。

（三）编制要点

初步设计必须在可行性研究报告编写完成后进行，并且使用国家或者省级部门颁布的具有法律效力的工程定额数据。然后按照工程编制的规范与要求开展初步设计概算的编制工作。在工程材料和设备的选择上，需要选择最经济的设备和材料，并且对市场中主流的材料和设备进行调研，提高初步设计概算的质量。参与初步设计概算编制的人员必须具备专业技术，能够根据工程特点完成概算的计算和编制工作，真实地反映工程造价的情况。

第四节　建筑工程施工图预算的编制

建筑工程施工图预算是在工程设计阶段根据施工图对造价进行的预估。工程施工图预算并不能完全符合实际造价，通常与实际造价存在一定的差距，为了提高工程项目预算的准确性，提升编制质量，提高工程项目结算的控制水平，要保证工程施工图预算的准确性和系统性。

一、影响施工图预算编制准确性的因素

由于预算编制属于一种超前行为，是对施工中可能产生的造价的一种预估，因此这一行为本身就不可避免地存在误差，具体有以下几个方面的因素会对预算结果产生影响。

（一）工程不同阶段产生的影响不同

建筑工程项目的整体流程较为复杂，每一阶段都会对整体造价产生影响，主要包括决策、设计和实施阶段，其中施工图纸的设计阶段是预算编制的重点阶段。施工图纸的设计在实际施工前，对预算的编制起到了限制作用。

1.材料市场波动影响预算

在社会主义市场经济体制下，市场决定着建筑材料的价格，工程造价控制部门会定期公布价格信息，在编制预算时需要将这些信息与当地材料市场的实际情况结合起来。然而，材料市场价格会有一定的波动，在实际施工中材料价格可能会发生变化，导致实际工程造价受到影响，略微偏离预算。

2.国家政策变动影响预算

工程的时间性决定了其阶段性，在实际施工中需要严格按照施工程序进行，不能提前进行下一个阶段的施工，因此施工整体上花费的时间较长。在不同阶段的施工过程中，国家相关政策随时可能调整，导致后续施工造价发生变化，如对人工费的调整，当项目存在与市场情况相适应的动态人工费时，就会极大地提高造价的不确定性。

3.现场签证影响预算

施工阶段的文物、地下障碍、土方塌陷、自然灾害和基坑排水等都需要现场签证，不考虑现场签证就会影响预算的准确性。

4.特殊施工措施影响预算

影响工程造价的消耗主要包括措施性消耗和工程实体消耗。措施性消耗主要是指在施工中采用不同手段、工艺等对造价产生的影响，施工环境也会影响工程造价；而工程实体消耗主要是指工程实体部分，这一部分按照施工方案进行，对工程造价的影响较小。

（二）设计变更与修改

一些客观条件会对工程产生影响，如材料、设计标准、设计手段、技术规范和地质勘探资料等，都会对实际施工产生影响，因此设计方案往往会根据实际情况有所变动，以满足施工要求，在预算阶段很难预见这一变动，因而影响了预算的准确性，最终导致超预算问题。

（三）预算阶段工程量的计算不够精确

在施工准备环节，工程量的计算十分重要。工程量的计算主要以施工图纸为依据，当施工图纸存在误差或不够准确时，就会影响到工程量计算的准确性。此外，施工前期缺少充分的准备也会对施工结果造成影响，施工前期需要对地质环境进行勘察，一旦地质勘查不到位，相关资料不全面，就会导致设计方案考虑不全面，在实际施工中产生设计方案之外的项目，这时就需要对设计方案作出调整，导致设计变更，产生一些预算以外的支出。工程量计算还会受到施工组织设计方案准确性的影响。

以桩基工程施工为例，在施工中需要考虑到桩基和挖土方的先后顺序，以及在开挖土方时对护坡的处理等，为了保证工程量计算的准确性，还需要考虑到土方外运距离。不同的施工方案会产生不同的差额，一般会占据 1.5%的定额直接费。

二、施工图阶段的预算编制措施

（一）做好准备工作

在预算编制前需要全面收集相关资料，包括设计图纸、现场地形测量图、地质勘测报告等，造价人员需要到达现场对环境进行勘察，了解现场情况，预估相关赔偿，并明确运输路线和人力资源情况。施工方案设计需要与现场环境相结合，提高方案可行性。预算编制人员需要对施工方案进行深入研究，并与相关管理部门进行交流，结合工程量统一计算标准、取费标准、建设安装工程定额和材料市场定价情况等，选择合理的预算编制方式。

（二）深入研究施工图纸

预算编制人员需要对定额有基本的了解，熟知相关说明，在计算工程量前需要掌握定额中包含的项目，并熟练掌握工程量计算规则，能够将其灵活运用到工程量计算中。预算编制人员要主动认真了解施工图纸，对后续具体施工有全面的把握，在这一过程中需要加强与设计人员的沟通，随时针对图纸中存在的问题进行交流探讨，并且掌握设计图纸变更情况。预算编制人员只有对施工有全面了解才能保证预算编制的准确性，预算编制中需要科学套用单价，避免在工程量计算中出现错误。预算编制人员不仅要提升自身专业水平，还要有较强的责任意识，要前往施工现场全面了解实际施工。此外，预算编制人员还要把握市场形势，对一些新材料和新工艺有所了解，避免预算编制存在重大疏漏。

（三）做好其他各项费用的计算

在预算的编制过程中常常涉及较为复杂的项目，且不同的项目之间有着较大的差距。此外，一些预算人员在编制预算时，缺少对排水沟的征地计算，排水沟在实际施工中属于长期占用部分。在工程结算阶段需要明确取费标准，但是在预算编制阶段，工程的报价和标底都会受到取费标准的影响，在选择取费标准时要遵循相应原则，同时保障施工企业和建设单位的利益，并且还要保障国家利益，严格遵守相关法律法规。在这一原则下，需要预算编制人员根据实际情况，在招投标阶段全面了解工程竞标队伍的实力，并且明确在施工队伍中该工程项目的吸引力。预算人员要加深认识，提高对工程项目的重视程度，自觉增强计费环节的公平性和公正性。

第五节　建筑工程设计阶段的造价控制创新

一、目前设计阶段造价控制存在的问题

（一）设计与施工环节脱节

设计与施工是紧密相连的，工程设计人员在进行设计时，往往只重视设计指标、规范和规程的要求，而忽略现场实际情况，也很少考虑施工方面的问题。尤其是现在随着施工技术的不断发展，出现了很多新工艺、新技术，若不考虑施工方法或工艺，就有可能使设计方案的实施与施工技术或工艺相冲突，导致施工阶段出现很多变更，从而需要不断修改设计方案，不断增加工程量，无形之中使得造价难以控制。

（二）设计经验不足，设计过于保守

很多时候出于对安全或其他因素的考虑，设计人员在设计中过于保守，工程量一般都采取高限，通过增加工程量提高安全性，来降低设计风险，这样无形中增加了投资额度，在施工阶段不利于造价控制，会造成很多浪费。

（三）设计费收取机制不合理，抬高概算成本

目前现行设计费的收费标准是用概算造价额度来控制的，这就使得设计单位为了提高营业收入，在不违反设计要求的前提下尽可能增加工程量，扩大工程规模。这样使概算投资额大幅增加，突破了投资限制额度，给造价控制带来很大困难。

（四）概预算人员素质参差不齐，对现场环境的了解不够

概预算人员的技术水平和职业素养也很重要，造价编制要收集很多资料，了解施工现场情况。然而很多概预算人员对此并不重视，收集的资料不够全面或不够可靠，对施工现场了解也不深入，有时候只是根据设计人员的讲述就盲目工作，这给造价编制带来了很大的不确定性。这样编制出来的概预算文件不能反映实际情况，不能有效地对设计方案进行比较，也无法实现优化设计的目的，更不能合理地进行经济分析。这样就使控制造价只停留在口头上，使其流于形式。

二、设计阶段的工程造价控制的创新策略

在工程设计阶段，做好技术与经济的统一是合理确定和控制工程造价的首要环节，既要反对片面强调节约而忽视技术上的合理要求使项目达不到工程功能，又要避免出现重技术、轻经济、设计保守浪费、脱离国情的倾向。要采取必要的措施，充分调动设计人员和工程经济人员的积极性，使他们密切配合，严格按照设计任务书规定的投资估算，利用技术经济比较，在降低和控制工程造价上下功夫。工程经济人员在设计过程中应及时对工程造价进行分析比较，反馈信息，为设计人员提供便利。

（一）增强标准设计意识

设计是技术和经济上对拟建工程的实施进行的全面安排，也是对建设项目进行规划的过程。利用优秀的设计标准规范进行设计，有利于降低投资、缩短工期。

（二）经济上运用价值工程进行设计方案优化

价值工程又称价值分析，是运用集体智慧和有组织的活动，着重对产品进行功能分析，使之以较低的总投资，可靠地实现产品必要的功能，从而提高产品的价值的过程。同一建设项目，同一单项、单位工程可以有不同的设计方案，进而有不同的造价，因此积极运用价值工程进行方案优化，对控制造价有着十分重要的意义。在设计阶段运用价值工程控制造价并不是片面地认为工程造价越低越好，而是把工程的功能和造价两方面综合起来分析，其中的价值系数正是功能和造价的综合体现。所以运用价值工程，既可以实现工程的功能，又可以降低工程的造价，也可以在保证工程功能不变的情况下降低工程造价，还可以在造价不变的情况下提高工程的功能性。总之，满足必要的功能费用，消除不必要的工程费用，是价值工程的要求，实际上也是工程造价控制本身的要求。虽然价值工程在我国还处于起步阶段，但事实证明，在工程设计中利用价值工程控制工程造价、提高工程“价值”是可行的。

（三）大力推行限额设计，严格控制投资规模

所谓限额设计，就是按照批准的设计任务书及投资估算控制初步设计，按批准的初步设计总概算控制施工图设计。而且各专业在保证达到使用功能的前提下，按分配的投资限额控制技术设计和施工设计的不合理变更，保证总投资限额不被突破。投资分解和工程量控制是实行限额设计的有效途径和主要方法。限额设计是将上阶段设计审定的投资额和工程量先分解到各专业，然后再分解到各单位工程，最后分解到分部分项工程，通过层层设计，严格审核，从而实现对投资限额的控制和管理。

限额设计不是一味地考虑节约投资，也不是简单地把投资缩减一部分，而是以尊重科学、尊重实际的态度，对设计标准、规模、原则的合理确定及有关概算基础资料的合理取定，通过层层限额设计，体现对投资的控制与管理的有机结合。

（四）各方面人员相互协同，优化设计方案

设计人员要提高自身职业素养和对工程项目的认知，工程设计不能只是停留在图纸上，任何工程设计都是要建设出来的。在进行方案设计时，不仅要考虑到技术方面的可行性，还要考虑到经济方面的可行性、合理性，因此在设计过程中，设计人员一定要与概预算人员多沟通，以科学的态度和方法对设计方案进行全方位设计，本着安全、经济、适用的原则不断优化设计方案，从而使得方案无论从技术上还是经济上都合理和可行。

（五）提前了解现场环境，让技术方案与施工方案相匹配

建筑工程受外界环境因素影响较大，施工比较复杂，加之每个项目情况不同，不同的设计方案对施工有很大影响，因此在设计阶段应对现场做详尽的调查，并邀约参与项目的潜在施工单位一起，尽可能多地考虑各种影响设计和施工的因素。除考虑设计方案技术层面的要求外，还要结合现场情况考虑施工方案实施的可行性，避免由于设计方案考虑不周致使在施工阶段不断变更设计方案，导致工程造价在施工阶段难以控制和预料，造成巨大的经济损失。

（六）严格控制设计变更，有效控制工程投资

由于初步设计受到外部条件的限制，如工程地质、设备材料的供应、物资采购价格的变化，以及人们主观认识的局限性等，往往会造成施工图设计阶段甚至施工过程中的局部变更，由此会引起对已确认造价的变更，但这种正常的变化在一定范围内是允许的。至于涉及建设规模、产品方案、工艺流程或设计方案的重大变更时，就应进行严格控制和审核。因此，要建立相应的制度，加强对设计变更的管理，防止不合理的设计变更造成工程造价的提高。在施工图设计过程中，要克服技术与经济脱节的现象，加强图纸会审、审核、校对，尽可能把问题暴露在施工之前。对影响工程造价的重大设计变更，要用“先算账，后变更”的办法解决，以使工程造价得到有效控制。

（七）高度重视设计监理的作用

实践证明，设计监理在控制工程投资方面有明显作用，但在工作实践中，仍普遍存在着重视施工监理而忽视设计监理的现象。实际上，设计监理在工程项目的投资以及进度、质量控制中起着重要的作用，特别是对工程投资控制至关重要。因此，在设计过程中应大力推行设计监理制度，对设计过程进行全面、动态的监督和管理，确保设计环节的质量，减少设计过程中的失误，减少投资浪费，保证建设投资在可控范围内。

（八）改革设计费取费方式

目前设计费主要是根据投资额大小按一定比例来确定的，其他因素只是以系数来调整，这就使得个别设计单位对于工程问题不是寻求最安全、有效的解决方法，不去考虑工程成本，而是主要着眼于经济效益，让工程量、投资总额不断增加，这样的结果与控制投资的目标截然相反，不利于控制投资，所以设计费的取费方式应该有所改变。对于设计工作内容应采用市场化准则进行合理评价，使得设计人员在工作时主动考虑设计方案是否安全、可靠，经济方案是否合理，施工工艺是否可行。这样的综合设计考虑，对于造价控制工作来说，从源头上就有了很大改观，有利于造价控制，也有利于提高设计水平和质量。

（九）引入竞争机制，大力推行工程设计招标

在社会主义市场经济条件下，竞争日益激烈，建设项目从设计到施工均采取招投标方式，设计单位要想在激烈的市场竞争中击败对手，使自己立于不败之地，就必须凭借自己的良好信誉和过硬的设计质量。因此，企业要发展，就必须建立竞争机制，而且要做到内部竞争与外部竞争相结合，把内部竞争作为企业在外部竞争中取胜的条件，把外部竞争作为促进企业内部竞争的动力。从外部看，主要是树立“质量兴企”的意识，提高设计质量，搞好服务。从内部看，主要是增强设计人员的危机感和紧迫感，克服方案比选的片面性和局限性。

要鼓励设计人员解放思想、拓展思路，激发创作灵感，使功能好、造价低、效益高、技术经济合理的设计方案脱颖而出。

工程设计招标是从多个具有工程设计能力的设计者中选择一个实力雄厚、技术力量强、设计质量高、工程造价合理、设计费用低的设计者。通过工程设计招标，工程设计者通过竞争获得设计任务，这就要求他们对工程设计必须从质量到造价进行全面优化，拿出最优秀的设计来同其他竞争者展开竞争。这既能节约设计费用，又能提高设计质量和降低工程造价。

（十）充分利用信息技术

由于工程造价控制工作涉及面广、工作量大、项目繁杂、标准不一、经费和人员缺乏、工作开展不理想等诸多原因，工程造价资料积累相关体系不完善，造成编制设计概算时缺乏有力的参考依据，致使报价严重失真。

随着计算机和互联网在设计行业的普及，管理人员可以通过互联网跨地区、跨省进行技术交流，信息互通，全面了解建筑市场。行业主管部门也可以通过多种途径为设计单位和从业人员提供工程信息、法规政策、材料设备价格等信息数据库，监督设计市场。

由于完善的数据参考资料需要现代化信息技术的支持，同时也需要足够多的样本，因此对于中小型企业来说自建数据中心完全没有必要，而是建议它们考虑采用市面上现有的，利用最新大数据、云计算和人工智能技术构建的工程造价“指标云（公有云）数据积累与分析平台”，方便、快速、安全地管理和利用自身项目数据。同时更可以借助主管机构建设的“地区级指标云私有云平台”提供的大数据成果和相关数据分析服务，精准全面地评估和优化项目概预算数据，从而在设计阶段尽量规避各种经济性和技术性问题。

大量实践证明，控制工程造价的关键在设计阶段。只有把技术与经济有机结合，大力推行限额设计，严格控制设计变更，加强设计监理，加强设计概预算和施工等专业人员的沟通协同，积极引入竞争机制，改变设计收费办法，利用大数据、云计算等技术，让设计人员懂经济，概预算人员懂技术和施工工艺，多方紧密联系、相互配合，正确处理技术先进性与经济合理性两者之间的对立统一，才能使工程造价控制达到良性循环，使有限的资金充分、合理地得到使用。

第四章　建筑工程施工阶段造价控制

第一节　建筑工程施工阶段的工程计量

一、工程计量的概念及原则

（一）工程计量的概念

工程计量就是发承包双方根据合同约定，对承包人完成合同工程的数量进行计算和确认。具体来说，就是双方根据设计图纸、技术规范以及施工合同约定的计量方式和计算方法，对承包人已经完成的质量合格的工程实体数量进行测量与计算，并以物理计量单位或自然计量单位进行表示和确认的过程。

招标工程量清单中所列的数量，通常是根据设计图纸计算的数量，是对合同工程的估计工程量。工程施工过程中，通常会由于一些原因导致承包人实际完成的工程量与工程量清单中所列的工程量不一致，比如：招标工程量清单缺项、漏项或项目特征描述与实际不符；工程变更；现场施工条件变化；现场签证；暂列金额中的专业工程发包等。因此，在工程合同价款结算前，必须对承包人履行合同义务所完成的实际工程进行准确的计量。

（二）工程计量的原则

①计量的项目必须是合同（或合同变更）中约定的项目，超出合同规定的项目不予以计量；

②计量的项目应是已完工或正在施工项目的完工部分，即已经完成的分部分项工程；

③计量项目的质量应该达到合同规定的质量标准；

④计量项目资料齐全，时间符合合同规定；

⑤计量结果要得到双方工程师的认可；

⑥双方计量的方法一致；

⑦对承包人超出设计图纸范围和因承包人原因造成返工的工程量，不予以计量。

二、工程计量的重要性

（一）工程计量是控制工程造价的关键环节

工程计量是指根据设计文件及承包合同中关于工程量计算的规定，项目管理机构对承包商申报的已完成工程的工程量进行的核验。合同条件中明确规定工程量表中所列的工程量是该工程的估算工程量，不能作为承包商应完成的实际和确切的工程量。因为工程量表中的工程量是在编制招标文件时，在图纸和规范的基础上估算的工作量，不能作为结算工程价款的依据，而必须通过项目管理机构对已完工的工程进行计量。经过项目管理机构计量所确定的数量是向承包商支付各种款项的凭证。

（二）工程计量是约束承包商履行合同义务的手段

计量不仅是控制项目投资费用支出的关键环节，还是约束承包商履行合同义务、强化承包商合同意识的手段。FIDIC（国际咨询工程师联合会）合同条件规定，业主对承包商的付款，是以工程师批准的付款证书为凭据的，工程师对计量支付有充分的批准权和否决权。对于不合格的工作和工程，工程师可以拒绝计量。同时，工程师通过按时计量，可以及时了解工程进度。当工程师发现工程进度严重偏离计划目标时，可要求承包商及时分析原因、采取措施、加快进度。因此，在施工过程中，项目管理机构可以通过计量支付手段控制工程按合同进行。

三、工程计量的依据

工程计量的依据一般有质量合格证书、工程量清单前言和技术规范中的“计量支付”条款以及设计图纸。也就是说，计量时必须以这些资料为依据。

（一）质量合格证书

对于承包商已完成的工程，并不是全部进行计量，而只是对质量达到合同标准的已完工程才予以计量。所以，工程计量必须与质量管理紧密配合，经过专业工程师检验，工程质量达到合同规定的标准后，由专业工程师签署报验申请表（质量合格证书）。所以说，质量管理是计量管理的基础，计量又是质量管理的保障，通过计量支付，可以强化承包商的质量意识。

（二）工程量清单前言和技术规范

工程量清单前言和技术规范是确定计量方法的依据。因为工程量清单前言和技术规范的“计量支付”条款规定了清单中每一项工程的计量方法，同时还规定了按规定的计量方法确定的单价所包括的工作内容和范围。

（三）设计图纸

单价合同以实际完成的工程量进行结算，但被工程师计量的工程数量并不一定是承包商实际施工的数量。计量的几何尺寸要以设计图纸为依据，工程师对承包商超出设计图纸要求增加的工程量和承包商自身原因造成返工的工程量，不予计量。

四、工程计量的方法

工程师一般只对以下三个方面的工程项目进行计量：

①工程量清单中的全部项目；

②合同文件中规定的项目；

③工程变更项目。

根据 FIDIC 合同条件的规定，一般可按照以下方法进行计量。

（一）均摊法

所谓均摊法，就是对清单中某些项目的合同价款，按合同工期平均计量，如为造价控制者提供宿舍、保养测量设备、保养气象记录设备、维护工地清洁和整洁等。这些项目都有一个共同特点，即每月均有发生，所以可以采用均摊法进行计量支付。例如：保养气象记录设备，每月发生的费用是相同的，如本项合同款额为 2 000 元，合同工期为 20 个月，则每月计量、支付的款额应为 2 000 元/20 月＝100 元/月。

（二）凭据法

所谓凭据法，就是按照承包商提供的凭据进行计量支付，如工程项目险保险费、第三方责任险保险费、履约保证金等项目，一般按凭据法进行计量支付。

（三）估价法

所谓估价法，就是按合同文件的规定，根据工程师估算的已完成的工程价值支付。例如，为工程师提供办公设施和生活设施，为工程师提供用车，为工程师提供测量设备、天气记录设备、通信设备等项目。这类清单项目往往要购买几种仪器设备，当承包商对于某一项清单项目中规定购买的仪器设备不能一次购进时，则需采用估价法进行计量支付。

（四）断面法

断面法主要用于取土坑或填筑路堤土方的计量。对于填筑土方工程，一般规定计量的体积为原地面线与设计断面所组成的体积。采用这种方法进行计量时，在开工前承包商须测绘出原地形的断面，并须经工程师检查，作为计量的依据。

（五）图纸法

在工程量清单中，许多项目是按照设计图纸所示的尺寸进行计量的，如混凝土构筑物的体积、钻孔桩的桩长等。

（六）分解计量法

所谓分解计量法，就是将一个项目根据工序或部位分解为若干子项，对完成的各子项进行计量支付。这种计量方法主要是为了解决一些包干项目或较大的工程项目的支付时间过长、影响承包商的资金流动等问题。

第二节　建筑工程施工阶段合同变更价款的确定

在建筑工程项目的实施过程中，由于多方面的原因，经常出现工程量变化、施工进度变化以及发包方与承包方在执行合同时发生争执等问题。这些问题的产生，一方面是由于勘察、设计工作不细，以致在施工过程中发现许多招标文件中没有考虑工程量或对工程量的估算不准确，因而不得不改变施工项目或增减工程量；另一方面是由于发生不可预见的事件，如自然或社会原因引起的停工或工期拖延等。由于工程变更所引起的合同价款的变化、承包商的索赔等，都有可能使项目造价（投资）超出原来的预算投资，造价控制者必须严格予以控制，密切注意其对未完工程投资支出的影响及对工期的影响。

一、法规变化类合同价款变更

发承包双方应在合同中约定，因国家法律、法规、规章和政策发生变化影响合同价款的风险由发包人承担。

（一）基准日的确定

为了合理划分发承包双方的合同风险，施工合同中应当约定一个基准日，对于基准日之后发生的、作为一个有经验的承包人在招标投标阶段不可能合理预见的风险，应当由发包人承担。对于实行招标的建设工程，一般以施工招标文件中规定的提交投标文件的截止时间前的第 28 天为基准日；对于不实行招标的建设工程，一般以建设工程施工合同签订前的第 28 天作为基准日。

（二）合同价款的调整方法

施工合同履行期间，国家颁布的法律、法规、规章和有关政策在合同工程基准日之后发生变化，且因执行相应的法律、法规、规章和政策引起工程造价发生增减变化的，合同双方当事人应当依据法律、法规、规章和有关政策的规定调整合同价款。但是，如果有关价格（如人工、材料和工程设备等价格）的变化已经包含在物价波动事件的调价公式中，则不再予以考虑。

（三）工期延误期间的特殊处理

如果由于承包人的原因导致工期延误，在工程延误期间国家的法律、行政法规和相关政策发生变化引起工程造价变化，造成合同价款增加的，合同价款不予以调整；造成合同价款减少的，合同价款予以调整。

二、工程变更类合同价款变更

工程变更可以理解为合同工程实施过程中由发包人提出或由承包人提出经发包人批准的合同工程的任何改变。工程变更指令发出后，应当迅速落实指令，全面修改各种相关文件。承包人也应当抓紧落实，如果承包人不能全面落实变更指令，则造成的损失应当由承包人承担。

（一）工程变更的范围

根据《标准施工招标文件》中的通用合同条款，工程变更的范围包括以下内容：

①取消合同中的任何一项工作，但被取消的工作不能转由发包人或其他人实施；

②改变合同中任何一项工作的质量或其他特性；

③改变合同工程的基线、标高、位置或尺寸；

④改变合同中任何一项工作的施工时间及改变已批准的施工工艺或顺序；

⑤为完成工程需要追加的额外工作。

（二）工程变更处理程序

第一，设计单位对原设计存在的缺陷提出的工程变更，应编制设计变更文件。建设单位或承包单位提出的变更，应提交造价总管理者，由造价总管理者组织专业造价控制者审查。审查同意后，应由建设单位转交原设计单位编制设计变更文件。当工程变更涉及安全、环保等内容时，应按规定经有关部门审定。

第二，项目管理机构应了解实际情况和收集与工程变更有关的资料。

第三，造价总管理者必须根据实际情况、设计变更文件和其他有关资料，按照施工合同的有关款项，在指定专业造价控制者完成下列工作后，对工程变更的费用和工期进行评估：

①确定工程变更项目与原工程项目之间的类似程度和难易程度；

②确定工程变更项目的工程量；

③确定工程变更的单价或总价。

第四，造价总管理者应就工程变更费用及工期的评估情况与承包单位和建设单位进行协调。

第五，造价总管理者签发工程变更单。工程变更单应包括工程变更要求、工程变更说明、工程变更费用和工期、必要的附件等内容，有设计变更文件的工程变更应附设计变更文件。

第六，项目管理机构根据项目变更单监督承包单位实施。

在建设单位和承包单位未能就工程变更的费用等方面达成协议时，项目管理机构应提出一个暂定的价格，作为临时支付工程款的依据。在工程款最终结算时，应以建设单位与承包单位达成的协议为依据。在造价总管理者签发工程变更单之前，承包单位不得实施工程变更。未经总造价控制者审查同意而实施的工程变更，项目管理机构不得予以计量。

（三）工程变更价款的确定方法

1. 分部分项工程费的调整

工程变更引起分部分项工程项目发生变化的，应按照下列规定调整。

①已标价工程量清单中有适用于变更工程项目的，且工程变更导致的该清单项目的工程数量变化不足15%时，采用该项目的单价。

②已标价工程量清单中没有适用但有类似变更工程项目的，可在合理范围内参照类似项目的单价或总价调整。

③已标价工程量清单中没有适用也没有类似于变更工程项目的，由承包人根据变更工程资料、计量规则和计价办法、工程造价控制机构发布的信息（参考）价格和承包人报价浮动率，提出变更工程项目的单价或总价，报发包人确认后调整。承包人报价浮动率可按下列公式计算：

实行招标的工程：

承包人报价浮动率（L）＝（1－中标价/招标控制价）×100%

不实行招标的工程：

承包人报价浮动率（L）＝（1－报价值/施工图预算）×100%

上述公式中的中标价、招标控制价或报价值、施工图预算，均不含安全文明施工费。

④已标价工程量清单中没有适用也没有类似变更工程项目，且工程造价控制机构发布的信息（参考）价格缺价的，由承包人根据变更工程资料、计量规则、计价办法和通过市场调查等取得的有合法依据的市场价格提出变更工程项目的单价或总价，报发包人确认后调整。

2. 措施项目费的调整

工程变更引起措施项目发生变化的，承包人提出调整措施项目费的，应事先将拟实施的方案提交发包人确认，并详细说明与原方案措施项目相比的变化情况。拟实施的方案经发承包双方确认后执行，并应按照下列规定调整措施项目费：

①安全文明施工费，按照实际发生变化的措施项目调整，不得浮动；

②采用单价计算的措施项目费，按照实际发生变化的措施项目按前述分部分项工程费的调整方法确定单价；

③按总价（或系数）计算的措施项目费，除安全文明施工费外，按照实际发生变化的措施项目调整，但应考虑承包人报价浮动因素。

如果承包人未事先将拟实施的方案提交给发包人确认，则视为工程变更不引起措施项目费的调整或承包人放弃调整措施项目费的权利。

3. 删减工程或工作的补偿

如果发包人提出的工程变更，非因承包人原因删减了合同中的某项原定工作或工程，致使承包人发生的费用或得到的收益不能被包括在其他已支付或应支付的项目中，也未被包含在任何替代的工作或工程中，则承包人有权提出并得到合理的费用及利润补偿。

三、物价变化类合同价款变更

（一）物价波动

施工合同履行期间，因人工、材料、工程设备和施工机械台班等价格波动影响合同价款时，发承包双方可以根据合同约定的调整方法，对合同价款进行调整。

因物价波动引起的合同价款调整方法有两种：一种是采用价格指数调整价格差额，另一种是采用造价信息调整价格差额。承包人采购材料和工程设备的，应在合同中约定主要材料、工程设备价格变化的范围或幅度，如没有约定，则材料、工程设备单价变化超过 5%时，超过部分的价格按上述两种方法之一进行调整。

1.采用价格指数调整价格差额

采用价格指数调整价格差额的方法，主要适用于施工中所用的材料品种较少，但每种材料使用量较大的工程。在计算调整差额时得不到现行价格指数的，可暂用上一次价格指数计算，并在以后的付款中再按实际价格指数进行调整。

（1）权重的调整

按变更范围和内容所约定的变更，导致原定合同中的权重不合理时，由承包人和发包人协商后进行调整。

（2）工期延误后的价格调整

由于发包人原因导致工期延误的，则对于计划进度日期（或竣工日期）后续施工的工程，在使用价格调整公式时，应采用计划进度日期（或竣工日期）与实际进度日期（或竣工日期）的两个价格指数中较高者作为现行价格指数。

由于承包人原因导致工期延误的，则对于计划进度日期（或竣工日期）后续施工的工程，在使用价格调整公式时，应采用计划进度日期（或竣工日期）与实际进度日期（或竣工日期）的两个价格指数中较低者作为现行价格指数。

2.采用造价信息调整价格差额

采用造价信息调整价格差额的方法，主要适用于使用的材料品种较多，相对而言每种材料使用量较少的房屋建筑与装饰工程。

施工合同履行期间，因人工、材料、工程设备和施工机械台班价格波动影响合同价格时，人工、施工机械使用费按照国家或省、自治区、直辖市建设行政管理部门、行业建设管理部门或其授权的工程造价控制机构发布的人工成本信息、施工机械台班单价或施工机具使用费系数进行调整；需要进行价格调整的材料，其单价和采购数应由发包人复核，发包人确认需调整的材料单价及数量，作为调整合同价款差额的依据。

（1）人工单价的调整

人工单价发生变化时，发承包双方应按省级或行业建设主管部门或其授权的工程造价控制机构发布的人工成本文件调整合同价款。

（2）材料和工程设备价格的调整

材料、工程设备价格变化的价款调整，按照承包人提供的主要材料和工程设备一览表，根据发承包双方约定的风险范围，按以下规定进行调整。

①如果承包人投标报价中材料单价低于基准单价，当工程施工期间材料单价涨幅以基准单价为基础超过合同约定的风险幅度值时，或当材料单价跌幅以投标报价为基础超过合同约定的风险幅度值时，其超过部分按实际单价调整。

②如果承包人投标报价中材料单价高于基准单价，当工程施工期间材料单价跌幅以基准单价为基础超过合同约定的风险幅度值时，或当材料单价涨幅以投标报价为基础超过合同约定的风险幅度值时，其超过部分按实际单价调整。

③如果承包人投标报价中材料单价等于基准单价，当工程施工期间材料单价涨、跌幅以基准单价为基础超过合同约定的风险幅度值时，其超过部分按实际单价调整。

④承包人应当在采购材料前将采购数量和新的材料单价报发包人核对，确认用于本合同工程时，发包人应当确认采购材料的数量和单价。发包人在收到承包人报送的确认资料后三个工作日不予答复的，视为已经认可，可作为调整合同价款的依据。如果承包人未报经发包人核对即自行采购材料，再报发包人确认调整合同价款的，如发包人不同意，则不作调整。

（3）施工机械台班单价的调整

当施工机械台班单价或施工机具使用费发生变化或超过省级或行业建设主管部门或其授权的工程造价控制机构规定的范围时，应按照其规定调整合同价款。

（二）暂估价

暂估价是指招标人在工程量清单中提供的用于支付必然发生但暂时不能确定价格的材料、工程设备的单价以及专业工程的金额。

1.给定暂估价的材料、工程设备

（1）不属于依法必须招标的项目

发包人在招标工程量清单中给定暂估价的材料和工程设备不属于依法必须招标的，由承包人按照合同约定采购，经发包人确认后以此为依据取代暂估价，调整合同价款。

（2）属于依法必须招标的项目

发包人在招标工程量清单中给定暂估价的材料和工程设备属于依法必须招标的，由发承包双方以招标的方式选择供应商。依法确定中标价格后，以此为依据取代暂估价，调整合同价款。

2.给定暂估价的专业工程

（1）不属于依法必须招标的项目

发包人在工程量清单中给定暂估价的专业工程不属于依法必须招标的，应按照前述工程变更事件的合同价款调整方法，确定专业工程价款，并以此为依据取代专业工程暂估价，调整合同价款。

（2）属于依法必须招标的项目

发包人在招标工程量清单中给定暂估价的专业工程，依法必须招标的，应当由发承包双方依法组织招标，选择专业分包人，并接受有管辖权的建设工程招标投标管理机构的监督。

①除合同另有约定外，发包人不参加投标的专业工程，应由承包人作为招标人，但拟定的招标文件、评标方法、评标结果应当报送发包人批准。与组织招标工作有关的费用应当被认为已经包括在承包人的签约合同价（投标总报价）中。

②承包人参加投标的专业工程，应由发包人作为招标人，与组织招标工作有关的费用由发包人承担。同等条件下，应优先选择承包人中标。

③专业工程依法进行招标后，以中标价为依据取代专业工程暂估价，调整合同价款。

四、其他类合同价款变更

其他类合同价款变更主要指现场签证。现场签证是指发包人或其授权现场代表（包括工程监理人、工程造价咨询人）与承包人或其授权现场代表就施工过程中涉及的责任事件所作的签认证明。施工合同履行期间出现现场签证事件的，发承包双方应变更合同价款。

（一）现场签证的提出

承包人应发包人要求完成合同以外的零星项目、非承包人责任事件等工作的，发包人应及时以书面形式向承包人发出指令，并提供所需的相关资料；承包人在收到指令后，应及时向发包人提出现场签证要求。

承包人在施工过程中，若发现合同工程内容因场地条件、地质水文、发包人要求等与合同中不一致的情况，应提供所需的相关资料，提交发包人签证认可，作为合同价款调整的依据。

（二）现场签证报告的确认

承包人应在收到发包人指令后的 7 天内，向发包人提交现场签证报告，发包人应在收到现场签证报告后的 48 h 内对报告内容进行核实，予以确认或提出修改意见。发包人在收到承包人现场签证报告后的 48 h 内未确认也未提出修改意见的，视为承包人提交的现场签证报告已被发包人认可。

（三）现场签证报告的要求

第一，现场签证的工作如果已有相应的计日工单价，现场签证报告中仅列明完成该签证工作所需的人工、材料、工程设备和施工机械台班的数量即可。

第二，如果现场签证的工作没有相应的计日工单价，应当在现场签证报告中列明完成该签证工作所需的人工、材料、工程设备和施工机械台班的数量及其单价。

现场签证工作完成后的7天内，承包人应按照现场签证内容计算价款，报送发包人确认后，作为增加合同价款，发包人应将其与工程进度款同期支付。

（四）现场签证的限制

工程项目发生现场签证事项，未经发包人签证确认，承包人便擅自实施相关工作的，除非征得发包人书面同意，否则发生的费用由承包人承担。

第三节　建筑工程施工阶段造价控制

一、施工阶段造价控制的基本知识

（一）施工阶段造价的划分

根据建筑产品的特点和成本控制的要求，施工阶段造价可按不同的标准和应用范围进行划分。

1.按成本计价的定额标准划分

按成本计价的定额标准划分，施工阶段造价可分为预算成本、计划成本和实际成本。

（1）预算成本

是按建设安装工程实物量和国家或地区或企业制定的预算定额及取费标准计算的社会平均成本或企业平均成本，是以施工图预算为基础进行分析、预测、归集和计算确定的。

（2）计划成本

是在预算成本的基础上，根据企业自身的要求，结合施工项目的技术特征、自然地理特征、劳动力素质、设备情况等确定的标准成本，也称目标成本。

（3）实际成本

是工程项目在施工过程中实际发生的，可以列入成本支出的各项费用的总和，是工程项目施工活动中劳动耗费的综合反映。

2.按计算项目成本对象划分

按计算项目成本对象划分，施工阶段造价可分为建设工程成本、单项工程成本、单位工程成本、分部工程成本和分项工程成本。

3.按工程完成程度的不同划分

按工程完成程度的不同划分，施工阶段造价可分为本期施工成本、未完工程施工成本和竣工工程施工成本等。

4.按生产费用与工程量关系划分

按生产费用与工程量关系划分，施工阶段造价可分为固定成本和变动成本。固定成本是指在一定时期和一定工程量范围内，发生总额不受工程量增减变动的影响而相对固定的成本，如折旧费、大修理费、管理人员工资、办公费等。变动成本是指发生总额随着工程量的增减变动而呈正比例变动的费用，如直接用于工程的材料费、实行计划工资制的人工费等。

5.按成本的构成要素划分

按成本的构成要素划分，施工阶段造价由人工费、材料费、施工机具使用费、企业管理费、利润、规费以及税金等构成。

（二）施工阶段造价分析的方法

1.成本分析的基本方法

（1）比较法

又称指标对比分析法，是指将实际指标与计划指标对比，将本期实际指标与上期实际指标对比，将本企业与本行业平均水平、先进水平对比。

（2）因素分析法

又称连环置换法，可用来分析各种因素对成本的影响。

（3）差额计算方法

是指利用各个因素的目标值与实际值的差额来计算其对成本的影响程度，是因素分析法的简化方法。

（4）比率法

包括相关比率法、构成比率法和动态比率法。相关比率法：将两个性质不同而又相关的指标进行对比，考察经营成本的高低；构成比率法：通过构成比例考察成本总量的构成情况及各成本项目占成本总量的比重；动态比率法：将同类指标不同时期的数值进行对比，分析该项指标的发展方向和速度。

2.综合成本的分析方法

综合成本是指涉及多种生产要素，并受多种因素影响的成本费用，如分部分项工程成本、月（季）度成本、年度成本等。因此，综合成本的分析方法也涉及多种。

（1）分部分项工程成本分析

施工项目包括多种分部分项工程，通过对分部分项工程成本的系统分析，可以基本了解项目成本形成的全过程。其方法是：进行预算成本、计划成本和实际成本的“三算”对比，计算实际偏差和目标偏差，分析偏差产生的原因。

（2）月（季）度成本分析

它是施工项目定期的、经常性的中间成本分析，依据是当月（季）度的成本报表。

（3）年度成本分析

其依据是年度成本报表，重点是针对下一年度的施工进展情况，规划切实可行的成本控制措施，保证施工项目成本目标的实现。

（4）竣工成本的综合分析

分为两种情况：有几个单位工程而且是单独进行成本核算的施工项目；只有一个单位工程的施工项目。

（三）施工阶段造价控制的任务

施工阶段造价控制是指在保证满足工程质量、工程施工工期的前提下，对工程施工过程中所发生的费用，通过计划、组织、控制和协调等活动实现预期的成本目标，并尽可能地降低施工阶段造价费用的一种科学管理活动。主要通过对施工技术、施工工艺、施工组织、合同和经济手段等的管理活动来最终达到施工阶段造价控制的预定目标，以最大限度地获得经济利益。要达到这一目标，必须认真做好以下几项工作。

1.搞好成本预测，确定成本控制目标

要结合中标价，根据项目施工条件、机械设备、人员素质等情况对项目的成本目标进行科学预测，通过预测确定各项费用的控制标准，制订出费用限额控制方案，依据投入和产出费用额，做到量效挂钩。

2.围绕成本目标，确立成本控制原则

施工阶段造价控制是在实施过程中对资源的投入、施工过程及成果进行监督、检查和衡量，并采取措施保证项目成本实现。做好成本控制就必须把握好五项原则，即项目全面控制原则、成本最低化原则、项目“责权利”相结合原则、项目动态控制原则、项目目标控制原则。

3.查找有效途径，实现成本控制目标

为了有效降低项目成本，必须采取以下办法和措施进行成本控制：采取组织措施控制工程成本；采用新技术、新材料、新工艺，控制工程成本；采取经

济措施控制工程成本；加大质量管理力度；通过控制返工率控制工程成本；加强合同管理力度，控制工程成本。

除此之外，在项目成本控制工作中，应及时制定落实相配套的各项行之有效的管理制度，将成本目标层层分解，与相关人员签订项目成本目标管理责任书，并与他们的经济利益挂钩，奖罚分明，强化全员项目成本控制意识，落实完善各项定额，定期召开经济活动分析会，及时总结、不断完善，最大限度地确保项目经营管理工作良性运作。

二、施工阶段资金使用计划的编制

（一）投资目标的分解

编制资金使用计划过程中最重要的步骤，就是项目投资目标的分解。根据投资控制目标和要求的不同，投资目标的分解可以分为按投资构成分解、按子项目分解、按时间进度分解三种类型。

1.按投资构成分解的资金使用计划

工程项目的总投资主要分为建设安装工程投资、设备购置投资、工器具购置投资及工程建设其他投资。

按项目投资构成分解时，可以根据以往的经验和建立的数据库来确定适当的比例。必要时也可以作一些适当的调整。例如，如果估计所购置的设备大多包括安装费，则可将安装工程投资和设备购置投资作为一个整体来确定它们所占的比例，然后再根据具体情况决定细分或不细分。按投资的构成来分解的方法比较适合有大量经验数据的工程项目。

2.按子项目分解的资金使用计划

大中型的工程项目通常是由若干单项工程构成的，而每个单项工程包括多个单位工程，每个单位工程又是由若干个分部分项工程构成的，因此首先要把项目总投资分解到单项工程和单位工程中。

一般来说，由于概算和预算大都是按照单项工程和单位工程来编制的，所以将项目总投资分解到各单项工程和单位工程是比较容易的。需要注意的是，按照这种方法分解项目总投资，不能只是分解建设安装工程投资和设备购置投资以及工器具购置投资，还应该分解项目的其他投资。但项目其他投资所包含的内容既与具体单项工程或单位工程直接有关，也与整个项目建设有关，因此必须采取适当的方法将项目其他投资合理地分解到各个单项工程和单位工程中。

最常用也是最简单的方法就是按照单项工程的建设安装工程投资和设备购置投资以及工器具购置投资之和的比例分摊，但其结果可能与实际支出的投资相差甚远。因此，实践中一般应对工程项目的其他投资的具体内容进行分析，将其中确实与各单项工程和单位工程有关的投资分离出来，按照一定比例分解到相应的工程内容上。其他与整个项目有关的投资则不分解到各单项工程和单位工程上。

另外，对各单位工程的建设安装工程投资还需要进一步分解，在施工阶段一般可分解到分部分项工程。

3.按时间进度分解的资金使用计划

工程项目的投资总是分阶段、分期支出的，资金应用是否合理与资金的时间安排有密切关系。为了编制项目资金使用计划，并据此筹措资金，尽可能地减少资金占用和利息支出，有必要将项目总投资按时间进度进行分解。

编制按时间进度分解的资金使用计划，通常可利用控制项目进度的网络图进一步扩充而得。在建立网络图时，一方面要确定完成各项工作要花费的时间，另一方面要同时确定完成这一工作的合适的投资支出预算。在实践中，将工程项目分解为既能方便地表示时间，又能方便地表示投资支出预算的工作是不容易的，通常如果项目分解程度对时间控制合适的话，则对投资支出预算可能分配过细，以至于不可能对每项工作都确定其投资支出预算；反之亦然。因此，在编制资金使用计划时既要充分考虑进度控制对项目划分的要求，又要考虑确定投资支出预算对项目划分的要求，做到二者兼顾。

以上三种编制资金使用计划的方法并不是相互独立的。在实践中，往往是将这几种方法结合起来使用，从而达到扬长避短的效果。例如，将按子项目分解项目总投资与按投资构成分解项目总投资两种方法相结合，横向按子项目分解，纵向按投资构成分解，或相反。这种分解方法有助于检查各单项工程和单位工程造价构成是否完整，有无重复计算或缺项；同时还有助于检查各项具体的投资支出的对象是否明确，并且可以从数字上校核分解的结果有无错误。另外，还可以将按子项目分解项目总造价目标与按时间分解项目总造价目标结合起来，一般是纵向按子项目分解，横向按时间分解。

（二）资金使用计划的形式

1.按子项目分解得到的资金使用计划表

在完成工程项目投资目标的分解之后，接下来就要具体地分配投资，编制工程分项的投资支出计划，从而得到详细的资金使用计划表。资金使用计划表的内容一般包括：①工程分项编码；②工程内容；③计量单位；④工程数量；⑤计划综合单价；⑥本分项总计。

在编制投资支出计划时，要在项目总的方面考虑总的预备费，也要在主要的工程分项中安排适当的不可预见费，避免在具体编制资金使用计划时，出现个别单位工程或工程量表中某项内容的工程量计算有较大出入，使原来的投资预算失实的情况，并在项目实施过程中对其尽可能地采取一些措施。

2.时间-投资累计曲线

通过对项目投资目标按时间进行分解，在网络计划基础上，可获得项目进度计划的横道图，并在此基础上编制资金使用计划。其表示方式有两种：一种是在总体控制时标网络图上表示，如图 4-1 所示；另一种是利用时间-投资曲线（S 形曲线）表示，如图 4-2 所示。

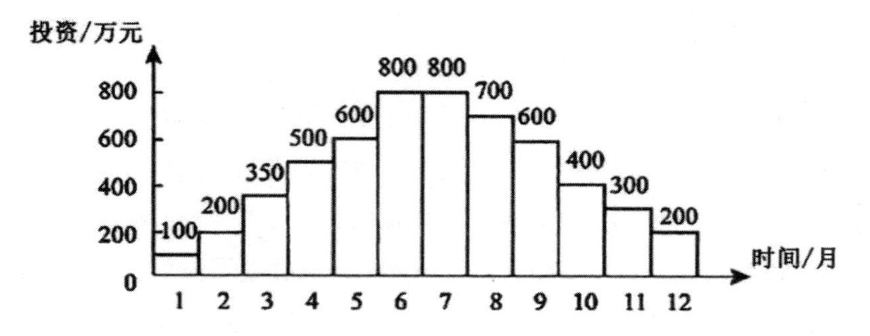

图 4-1　时标网络图上按月编制的资金使用计划

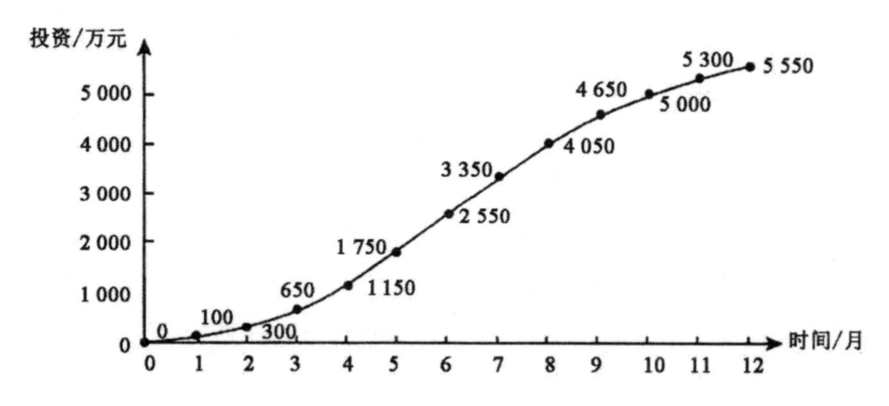

图 4-2　时间-投资累计曲线（S 形曲线）

时间-投资累计曲线的绘制步骤如下：

①确定工程项目进度计划，编制进度计划的横道图；

②根据每单位时间内完成的实物工程量或投入的人力、物力和财力，计算单位时间（月或旬）的投资，在时标网络图上按时间编制投资支出计划，如图 4-1 所示；

③按各规定时间的投资计划值，绘制 S 形曲线，如图 4-2 所示。

每一条 S 形曲线都对应某一特定的工程进度计划。因为在进度计划的非关键路线中存在许多有时差的工序或工作，因而 S 形曲线（投资计划值曲线）必然包含在由全部工作都按最早开始时间开始和全部工作都按最迟必须开始时间开始的曲线所组成的“香蕉图”内。建设单位可根据编制的投资支出计划来合理安排资金，同时建设单位也可以根据筹措的建设资金来调整S形曲线，即通过调整非关键路线上工作的最早或最迟开工时间，力争将实际的投资支出控制在计划的范围内。

一般而言，所有工作都按最迟开始时间计算，这样对节约建设单位的建设资金贷款利息是有利的，但同时也降低了项目按期竣工的保证率。因此，造价控制者必须合理地确定投资支出计划，达到既节约投资支出，又控制项目工期的目的。

3.综合分解资金使用计划表

将投资目标的不同分解方法相结合，会得到比前者更为详尽、有效的综合分解资金使用计划表。综合分解资金使用计划表一方面有助于检查各单项工程和单位工程的投资构成是否合理，有无缺陷或重复计算；另一方面也可以检查各项具体的投资支出的对象是否明确，并可校核分解的结果是否正确。

三、造价（投资）偏差分析

在确定了造价（投资）控制目标之后，为了有效地进行造价（投资）控制，造价控制者必须定期地进行投资计划值与实际值的比较，当实际值偏离计划值时，分析产生偏差的原因，采取适当的纠偏措施，以使投资超支尽可能减少。

（一）与造价（投资）偏差相关的概念

造价（投资）偏差的计算公式为：

造价（投资）偏差＝已完工程实际投资－已完工程计划投资

所谓已完工程实际投资，是指“实际进度下的实际投资”，根据实际进度完成状况，在某一确定时间内已经完成的工程内容的实际投资，可以表示为在某一确定时间内实际完成的工程量与单位工程量实际单价的乘积，即：

已完工程实际投资 =Σ 已完工程量（实际工程量）×实际单价

所谓已完工程计划投资，是指“实际进度下的计划投资”，根据实际进度完成状况，在某一确定时间内已经完成的工程所对应的计划投资额，可以表示为在某一确定时间内实际完成的工程量与单位工程计划单价的乘积，即：

已完工程计划投资 =Σ 已完工程量（实际工程量）×计划单价

若造价（投资）偏差的计算结果为正，则表示投资超支；结果为负，则表示投资节约。但是，必须特别指出的是，进度偏差对投资偏差分析的结果有重要影响，如果不考虑进度偏差就不能正确反映投资偏差的实际情况。如某一阶段的投资超支，可能是由于进度超前导致的，也可能是由于物价上涨导致的。所以，必须引入进度偏差的概念。

进度偏差 1＝已完工程实际时间－已完工程计划时间

为了与投资偏差联系起来，进度偏差也可表示为：

进度偏差 2＝拟完工程计划投资－已完工程计划投资

所谓拟完工程计划投资，是指根据进度计划安排在某一确定时间内所应完成的工程内容的计划投资。即：

拟完工程计划投资＝拟完工程量（计划工程量）×计划单价

进度偏差的计算结果为正值，表示工期拖延；结果为负值，表示工期提前。用公式来表示进度偏差，虽然其思路是可以接受的，但表达并不十分准确。在实际应用时，为了便于工期调整，还需将用投资差额表示的进度偏差转换为所需要的时间。

另外，在进行造价（投资）偏差分析时，还要考虑以下几组造价（投资）偏差参数。

1.局部偏差和累计偏差

所谓局部偏差，有两层含义：一是对于整个项目而言，指各单项工程、单位工程及分部分项工程的投资偏差；二是对于整个项目已经实施的时间而言，是指每一个控制周期内产生的投资偏差。累计偏差是一个动态概念，其数值总是与具体的时间联系在一起，第一个累计偏差在数值上等于局部偏差，最终的累计偏差就是整个项目的投资偏差。

一方面，局部偏差的引入，可以使项目投资管理人员清楚地了解偏差产生的时间、所在的单项工程，这有利于分析其发生的原因。而累计偏差所涉及的工程内容较多、范围较大，且原因也较复杂，因而累计偏差分析必须以局部偏差分析为基础。另一方面，因为累计偏差分析是建立在对局部偏差进行综合分析的基础上的，所以其结果更具代表性和规律性，对投资控制工作具有指导作用。

2.绝对偏差和相对偏差

绝对偏差是指投资实际值与计划值比较所得到的差额，绝对偏差的结果很直观，有助于投资管理人员了解项目投资出现偏差的绝对数额，并依此采取一定措施，制订或调整投资支付计划和资金筹措计划。但是，绝对偏差有其不容忽视的局限性，如同样是 1 万元的投资偏差，对于总投资 1 000 万元的项目和总投资 10 万元的项目而言，其严重性显然是不同的。因此，人们又引入了相对偏差这一参数：

相对偏差＝绝对偏差/投资计划值

与绝对偏差一样，相对偏差可正可负，且二者同号。正值表示投资超支，负值表示投资节约。二者都只涉及投资的计划值和实际值，既不受项目层次的限制，也不受项目实施时间的限制，因而在各种投资比较中均可采用。

（二）偏差分析的方法

偏差分析可采用不同的方法，常用的有横道图法、表格法和曲线法。

1.横道图法

如图 4-3 所示，用横道图法进行造价（投资）偏差分析，是用不同的横道标识已完工程计划投资、拟完工程计划投资和已完工程实际投资，横道的长度与其金额呈正比例关系。

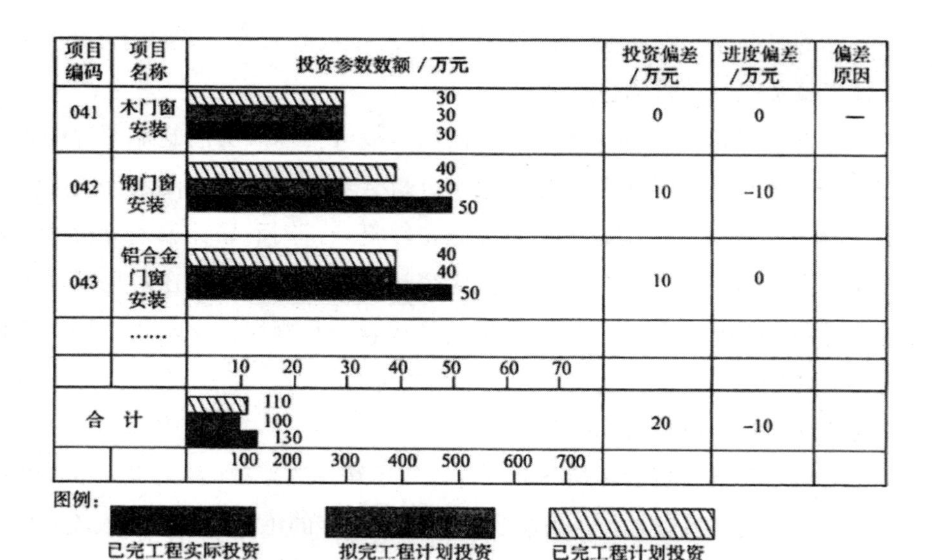

图 4-3 横道图法的投资偏差分析

横道图法具有形象、直观、一目了然等优点，它能准确表达出投资的绝对偏差，而且能直观看出偏差的严重程度。但是，这种方法反映的信息量少，一般在项目的管理层应用。

2.表格法

表格法是进行偏差分析最常用的一种方法。它将项目编号、名称、各投资参数以及投资偏差数综合归纳为一张表格，并且直接在表格中进行比较。各偏差参数都在表格中列出，使得投资管理者能够综合地了解并处理这些数据。

用表格法进行偏差分析具有如下优点：

①灵活性、适用性强，可根据实际需要设计表格，进行增减；

②信息量大，可以反映偏差分析所需的资料，从而有利于投资控制人员及时采取针对性措施，加强控制；

③可借助计算机对表格进行处理，从而节约大量数据处理所需的人力，并大大提高处理速度。

3.曲线法

曲线法是用投资累计曲线（S 形曲线）来进行造价（投资）偏差分析的一种方法，如图 4-4 所示。其中曲线 a 是投资实际值曲线，曲线 p 是投资计划值曲线，两条曲线之间的竖向距离表示造价（投资）偏差。

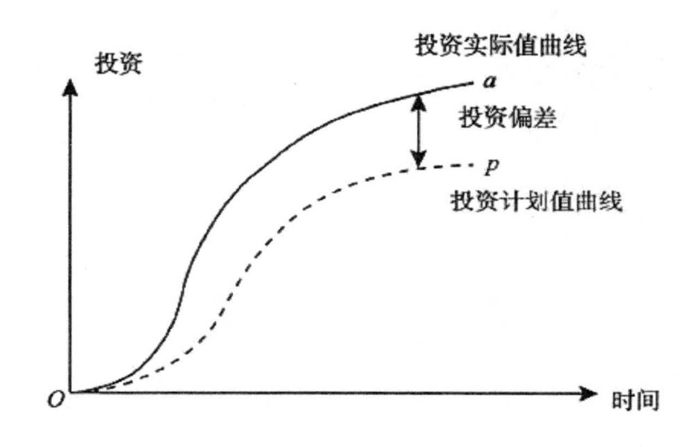

图 4-4　投资计划值与实际值曲线

在用曲线法进行造价（投资）偏差分析时，首先要确定投资计划值曲线。投资计划值曲线是与确定的进度计划联系在一起的；其次，应考虑实际进度的影响，应引入三条投资参数曲线，即已完工程实际投资曲线 a、已完工程计划投资曲线 b 和拟完工程计划投资曲线 p，如图 4-5 所示。图中曲线 a 与曲线 b 的竖向距离表示投资偏差，曲线 b 与曲线 p 的水平距离表示进度偏差。

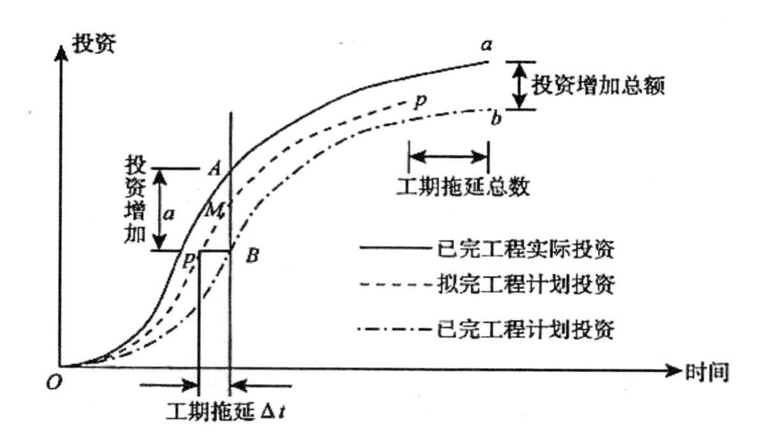

图 4-5　三条投资参数曲线

用曲线法进行偏差分析同样具有形象、直观的特点，但这种方法很难直接用于定量分析，只能对定量分析起一定的指导作用。

（三）偏差产生原因的分析

偏差分析的一个重要目的就是要找出引起偏差的原因，从而采取有针对性的措施，减少或避免相同原因导致的问题。在分析偏差产生的原因时，首先应将已经导致和可能导致偏差的各种原因逐一列举出来。导致不同工程项目产生投资偏差的原因具有一定的共性，因而可以通过对已建项目的投资偏差原因进行归纳、总结，为该项目采取预防措施提供依据。

一般来说，产生投资偏差的原因有以下几种，如图 4-6 所示。

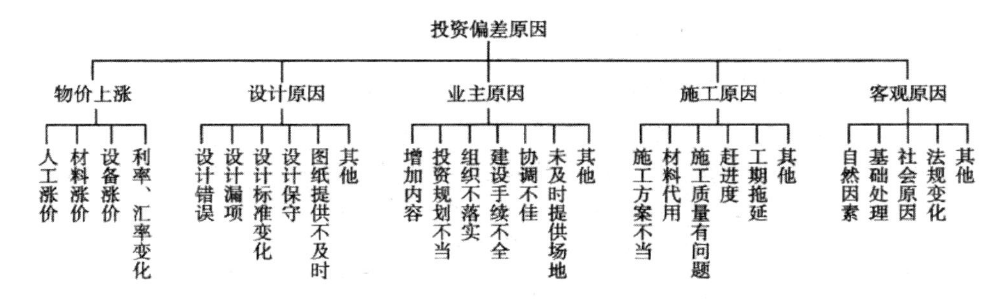

图 4-6　产生投资偏差的原因

对偏差产生的原因进行分析的目的是有针对性地采取纠偏措施，从而实现投资的动态控制和主动控制。纠偏首先要确定纠偏的主要对象，如上面介绍的偏差产生的原因，有些是无法避免和控制的，如客观原因，只能针对其中部分问题做到防患于未然，力求减少该问题导致的经济损失。施工原因所导致的经济损失通常是由承包方自己承担的，从投资控制的角度来看，发包方只能加强合同的管理，避免被承包方索赔。所以，这些偏差原因都不是纠偏的主要对象。纠偏的主要对象是业主原因和设计原因造成的投资偏差。在确定了纠偏的主要对象之后，就需要采取有针对性的纠偏措施。纠偏可采用组织措施、经济措施、技术措施和合同措施等。

四、施工阶段造价（费用）控制的措施

对施工阶段的造价（费用）控制应给予足够的重视，应从组织、经济、技术、合同等多方面采取措施。

（一）组织措施

组织措施是指从投资控制的组织管理方面采取的措施。组织措施是其他措施的前提和保障。

①在项目管理班子中落实从投资控制角度进行施工跟踪的人员、任务分工

和职能分工；

②编制本阶段投资控制工作计划和详细的工作流程图。

（二）经济措施

经济措施不能只理解为审核工程量及相应支付价款，应从全局出发来考虑，如检查投资目标分解的合理性、资金使用计划的保障性、施工进度计划的协调性等。另外，通过偏差分析和未完工程预测可以发现潜在的问题，及时采取预防措施，从而在造价控制中掌握主动权。

①编制资金使用计划，确定、分解投资控制目标。对工程项目造价目标进行风险分析，并制定防范对策。

②进行工程计量。

③复核工程付款账单，签发付款证书。

④在施工过程中进行投资跟踪控制，定期进行投资实际支出值与计划目标值的比较；发现偏差后及时分析产生偏差的原因，并采取纠偏措施。

⑤协商确定工程变更的价款，审核竣工结算。

⑥对工程施工过程中的投资支出做好分析与预测，经常或定期向建设单位提交项目投资控制及其存在问题的报告。

（三）技术措施

不同的技术措施往往会有不同的经济效果。运用技术措施纠偏，可以对不同的技术方案进行技术经济分析并加以选择。

①对设计变更进行技术经济比较，严格控制设计变更。

②继续寻找通过设计挖潜节约投资的可能性。

③审核承包商编制的施工组织设计，对主要施工方案进行技术经济分析。

（四）合同措施

合同措施在纠偏方面是指索赔管理。在施工过程中，索赔是难以避免的，发生索赔事件后要认真审查索赔依据是否符合合同规定、计算是否合理等。

①做好工程施工记录，保存各种文件图纸，特别是注有实际施工变更情况的图纸；注意积累素材，为正确处理可能发生的索赔提供依据，并参与处理索赔事宜。

②参与合同修改、补充工作，着重考虑它对投资控制的影响。

第四节　建筑工程索赔

一、索赔的内容

（一）承包商向业主的索赔

1.不利的自然条件与人为障碍引起的索赔

不利的自然条件是指施工中的实际自然条件比招标文件中描述的自然条件更为恶劣。不利的自然条件和人为障碍会导致承包商必须花费更多的时间和费用，在这种情况下，承包商可以向业主提出索赔要求。

（1）地质条件变化引起的索赔

一般来说，招标文件中会规定由业主提供有关该项工程的勘察所取得的水文及地表以下的资料，但在合同中往往写明承包商在提交投标书之前，已对现场和周围环境及与之有关的可用资料进行了考察和检查，包括地表以下条件及水文和气候条件。承包商应对自己对上述资料的解释负责。但合同条件中经常还有另外一条：在工程施工过程中，承包商如果遇到了现场气候条件以外的外界障碍或条件，在其看来这些障碍和条件是一个有经验的承包商也无法预见到的，则承包商应就此向造价控制者提供有关通知，并将一份副本呈交给业主。收到此类通知后，如果造价控制者认为这类障碍或条件是一个有经验的承包商无法合理预见到的，在与业主和承包商适当协商以后，应给予承包商延长工期和费用补偿的权利，但不包括利润。以上两条并存的合同文件，往往是承包商同业主及造价控制者争议的原因所在。

例如，某承包商投标获得一项铺设管道的工程。根据标书中介绍的情况算标。工程开工后，当挖掘深 7.5 m 的坑时，遇到了严重的地下渗水，不得不安装抽水系统，并开动了 35 日之久，承包商针对不可预见的额外成本要求索赔。但造价控制者根据承包商投标时已承认考察过现场并了解现场情况，包括地表以下条件和水文条件等，认为安装抽水机是承包商自己的事，拒绝补偿任何费用。承包商则认为这是业主提供的地质资料不实造成的。造价控制者则解释为，地质资料是真实的，钻探是在 5 月中旬进行的，这意味着是在旱季季尾，而承包商的挖掘工程是在雨季中期进行的，因此承包商应预先考虑到会有较高的水位，这种风险不是不可预见的，因此拒绝索赔。

（2）工程中人为障碍引起的索赔

在施工过程中，如果承包商遇到了地下构筑物或文物，如地下电缆、管道和各种装置等，只要是图纸上并未说明的，承包商应立即通知造价控制者，并共同讨论处理方案。如果导致工程费用增加（如原计划是机械挖土，现在不得不改为人工挖土），承包商即可提出索赔。这种索赔发生争议的情况较少。由于地下构筑物和文物等确属有经验的承包商难以合理预见的人为障碍，一般情况下，因遭遇人为障碍而要求索赔的数额并不大，但闲置机器而引起的费用是索赔的主要部分。

如果要减少突然发生的障碍的影响，造价控制者应要求承包商详细编制工作计划，以便在必须停止一部分工作时，仍有其他工作可做。当未预知的情况所产生的影响不可避免时，造价控制者应立即与承包商就解决问题的办法和有关费用达成协议，给予工期延长和成本补偿。如果办不到的话，可发出变更命令，并确定合适的费率和价格。

2.工程变更引起的索赔

在工程施工过程中，由于工地上不可预见的情况、环境的改变，或为了节约成本等，在造价控制者认为必要时，可以对工程或其任何部分的外形、质量或数量作出变更。任何此类变更，承包商均不应以任何方式使合同作废或无效。但如果造价控制者确定的工程变更单价或价格不合理，或缺乏说服承包商的依据，则承包商有权就此向业主进行索赔。

3.工期延长的费用索赔

工期延长的索赔通常包括两个方面：一是承包商要求延长工期；二是承包商要求偿付由于非承包商原因导致工程延期而造成的损失。一般这两方面的索赔报告要求分别编制，因为工期和费用索赔并不一定同时成立。例如：由于特殊恶劣气候等原因承包商可以要求延长工期，但不能要求补偿；也有些延误时间并不影响关键路线的施工，承包商可能得不到延长工期的承诺。但是，如果承包商能提供证据说明其延误造成的损失，就可能有权获得这些损失的补偿，有时两种索赔会混在一起，既可以要求延长工期，又可以获得对其损失的补偿。

（1）工期索赔

承包商提出工期索赔，通常是由于下列原因：

①合同文件的内容出错或互相矛盾；

②造价控制者在合理的时间内未曾发出承包商要求的图纸和指示；

③有关放线的资料不准；

④不利的自然条件；

⑤在现场发现化石、钱币、有价值的物品或文物；

⑥额外的样本与试验；

⑦业主和造价控制者命令暂停工程；

⑧业主未能按时提供承包商进入施工现场的条件；

⑨业主违约；

⑩业主风险；

⑪不可抗力。

因以上原因承包商要求延长工期时，只要承包商能提供合理的证据，一般可获得造价控制者及业主的同意，有的还可索赔损失。

（2）延期产生的费用索赔

以上提出的工期索赔中，凡属于客观原因造成的延期，属于业主也无法预见到的情况的，如特殊反常天气等，承包商可以延长工期，但得不到费用补偿；凡纯属业主方面的原因造成延期的，业主不仅应给承包商延长工期，还应给予费用补偿。

4.加速施工费用的索赔

一项工程可能遇到各种意外的情况或由于工程变更而必须延长工期。但由于业主（如该工程已经出售给买主，须按议定时间移交给买主）坚持不让延期，迫使承包商加班赶工来完成工程，从而导致工程成本增加，如何确定加速施工所发生的附加费用，合同双方的意见可能差别很大。因为影响附加费用款额的因素很多，如投入的资源量、提前完工的天数、加班津贴、施工新单价等。建议采用“奖金”的办法解决这一问题，鼓励承包商克服困难，加速施工，即规定某一部分工程或分部工程每提前完工一天，发给承包商奖金若干。这种支付方式的优点是不仅能促使承包商早日完成工程，早日投入运行，而且计价方式简单，避免了计算加速施工、延长工期、调整单价等许多容易扯皮的烦琐计算和讨论。

5.业主不正当地终止工程而引起的索赔

若由于业主不正当地终止工程，则承包商有权要求补偿损失，其数额是承包商在被终止工程中的人工、材料、机械设备的全部支出，以及各项管理费用、保险费、贷款利息、保函费用的支出（减去已结算的工程款），并有权要求赔偿其盈利损失。

6.物价上涨引起的索赔

物价上涨是各国市场的普遍现象，尤其在一些发展中国家。由于物价上涨，人工费和材料费不断增长，引起了工程成本的增加。

7.法律、货币及汇率变化引起的索赔

（1）法律改变引起的索赔

如果在基准日期（投标截止日期前的28天）以后，由于业主所在国家或地方的相关法律法规、政策或规章发生了变更，导致承包商成本增加，对承包商由此增加的开支，业主应予以补偿。

（2）货币及汇率变化引起的索赔

如果在基准日期以后，工程施工所在国家政府或其授权机构对支付合同价格的一种或几种货币实行货币限制或货币汇兑限制，则业主应补偿承包商因此遭到的损失。

如果合同规定将全部或部分款额以一种或几种外币形式支付给承包商，则这项支付不应受上述指定的一种或几种外币与工程施工所在国货币之间的汇率变化的影响。

8.拖延支付工程款的索赔

如果业主在规定的应付款时间内未能向承包商支付应支付的款额，承包商可在提前通知业主的情况下，暂停工作或减缓工作速度，并有权获得任何误期的补偿和其他额外费用的补偿（如利息）。FIDIC合同规定利息以高出支付货币所在国中央银行的贴现率加3个百分点的年利率进行计算。

9.业主的风险

（1）业主风险的定义

FIDIC合同条件对业主风险的定义如下：

①战争、敌对行动（不论宣战与否）、入侵、外敌行动；

②工程所在国国内的叛乱、恐怖主义活动、暴动、内战、军事政变或篡夺政权；

③承包商人员及承包商和分包商的其他雇员以外的人员在工程所在国内的暴乱、骚动或混乱；

④工程所在国国内的战争军火、爆炸物资、电离辐射或放射性物质引起的污染，但可能由承包商使用此类军火、炸药、辐射或放射性物质引起的除外；

⑤由音速或超音速飞行的飞机或飞行装置所产生的压力波；

⑥除合同规定以外业主使用或占有的永久工程的任何部分；

⑦由业主人员或业主对其负责的其他人员所做的工程任何部分的设计；

⑧不可预见的或不能合理预期一个有经验的承包商已采取适宜预防措施的任何自然力的作用。

（2）业主风险的后果

如果上述业主风险列举的任何风险达到对工程、货物或承包商文件造成损失或损害的程度，承包商应立即通知工程师，并应按照工程师的要求，修正此类损失或损害。

10.不可抗力

（1）不可抗力的定义

不可抗力是指合同双方在合同履行中出现的不能预见、不能避免并不能克服的客观情况。不可抗力的范围一般包括因战争、敌对行动（无论是否宣战）、入侵、外敌行为、军事政变、恐怖主义活动、骚动、暴动、空中飞行物坠落或其他非合同双方当事人责任或原因造成的罢工、停工、爆炸、火灾等，以及当地气象、地震、卫生等部门规定的情形。双方当事人应当在合同专用条款中明确约定不可抗力的范围以及具体的判断标准。

（2）不可抗力造成损失的承担

①费用损失的承担原则。因不可抗力事件导致的人员伤亡、财产损失及其费用增加，发承包双方应按以下原则分别承担并调整合同价款和工期。

第一，合同工程本身的损害。因工程损害导致第三方人员伤亡和财产损失，以及运至施工场地用于施工的材料和待安装的设备造成的损害，均应由发包人承担。

第二，发包人、承包人人员伤亡由其所在单位负责，并承担相应费用。

第三，承包人的施工机械设备损坏及停工损失，由承包人承担。

第四，停工期间，承包人应发包人要求留在施工场地的必要的管理人员及保卫人员的费用由发包人承担。

第五，工程所需清理、修复费用，由发包人承担。

②工期的处理。因发生不可抗力事件导致工期延误的，工期相应顺延。发包人要求赶工的，承包人应采取赶工措施，赶工费用由发包人承担。

（二）业主向承包商的索赔

由于承包商不履行或未完全履行合同约定的义务，或者由于承包商的行为使业主蒙受损失时，业主可向承包商提出索赔。

1.工期延误索赔

在工程项目的施工过程中，由于多方面的原因，使竣工日期拖后，影响到业主对该工程的使用，给业主带来经济损失，按惯例，业主有权对承包商进行索赔，即由承包商支付误期损害赔偿费。承包商支付误期损害赔偿费的前提是这一工期延误的责任属于承包商方面。施工合同中的误期损害赔偿费，通常是由业主在招标文件中确定的。业主在确定误期损害赔偿费的费率时，一般要考虑以下因素：

①业主盈利损失；

②由于工程延期而引起的贷款利息增加；

③工程延期带来的附加管理费；

④工程由于延期不能使用，业主继续租用原建筑物或租用其他建筑物的租赁费。

至于延期损害赔偿费的计算方法，在每个合同文件中均有具体规定。一般按每延误两天赔偿一定的款额计算，累计赔偿额一般为合同总额的5%～10%。

2.质量不满足合同要求索赔

当承包商的施工质量不符合合同要求，或使用的设备和材料不符合合同规定，或在缺陷责任期未满以前未完成应该负责修补的工程时，业主有权向承包商追究责任，要求补偿所受的经济损失。如果承包商在规定的期限内未完成缺陷修补工作，业主有权雇佣他人完成工作，发生的成本和利润由承包商负担。如果承包商自费修复，则业主可索赔重新检验费。

3.承包商不履行的保险费用索赔

如果承包商未能按照合同条款指定的项目投保，并保证保险有效，业主可以投保并保证保险有效，业主所支付的必要的保险费可在应付给承包商的款项中扣回。

4.对超额利润的索赔

如果工程量增加很多，使承包商预期的收入增多，因工程量增加而承包商并不增加任何固定成本，合同价应由双方讨论调整，收回部分超额利润。

由于法规的变化导致承包商在工程实施中降低了成本，产生了超额利润，应重新调整合同价格，收回部分超额利润。

5.对指定分包商的付款索赔

在承包商未能提供已向指定分包商付款的合理证明时，业主可以直接按照造价控制者的证明书，将承包商未付给指定分包商的所有款项（扣除保留金）付给这个分包商，并可以从应付给承包商的任何款项中如数扣回。

6.业主合理终止合同或承包商不正当地放弃工程的索赔

如果业主合理地终止承包商的承包，或者承包商不合理地放弃工程，则业主有权从承包商手中收回由新的承包商完成工程所需的工程款与原合同未付部分的差额。

二、索赔的依据和成立条件

（一）索赔的依据

提出索赔和处理索赔都要依据下列文件或凭证。

1.工程施工合同、文件

工程施工合同是工程索赔中最关键和最主要的依据，工程施工期间，发承包双方关于工程的洽商、变更等书面协议或文件，也是索赔的重要依据。

2.国家法律、法规

国家制定的相关法律、行政法规，是工程索赔的法律依据。工程项目所在地的地方性法规或地方政府规章，也可以作为工程索赔的依据，但应当在施工合同专用条款中约定为工程合同的适用法律。

3.国家、部门和地方有关的标准、规范和定额

对于工程建设的强制性标准，是合同双方必须严格执行的；对于非强制性标准，必须在合同中有明确规定的情况下，才能作为索赔的依据。

4.工程施工合同履行过程中与索赔事件有关的各种凭证

这是承包人因索赔事件所遭受费用或工期损失的事实依据，它反映了工程的计划情况和实际情况。

（二）索赔的成立条件

承包人工程索赔成立的基本条件包括：

①索赔事件已造成了承包人直接经济损失或工期延误；

②造成费用增加或工期延误的索赔事件并非承包人导致的；

③承包人已经按照工程施工合同规定的期限和程序提交了索赔意向通知、索赔报告及相关证明材料。

三、索赔费用

（一）索赔费用的组成

对于不同原因引起的索赔，承包人可索赔的具体费用内容是不完全一样的。但归纳起来，索赔费用的要素与工程造价的构成基本一致，一般可归结为人工费、材料费、施工机具使用费、分包费、施工管理费、利息、利润、保险费等。

1.人工费

人工费包括施工人员的基本工资、工资性质的津贴、加班费、奖金以及法定的安全福利等费用。人工费的索赔包括：完成合同之外的额外工作所花费的人工费用；由于非承包商责任的工效降低所增加的人工费用；超过法定工作时间的加班劳动；法定人工费增长以及非承包商责任工程延误导致的人员窝工费和工资上涨费等。在计算停工损失中的人工费时，通常采取人工单价乘以折算系数的计算方法。

2.材料费

材料费的索赔包括：由于索赔事件的发生造成材料实际用量超过计划用量而增加的材料费；由于发包人原因导致工程延期期间的材料价格上涨和超期储存费用。材料费中应包括运输费、仓储费以及合理的损耗费用。如果由于承包商管理不善，造成材料损坏失效，则不能列入索赔款项。

3.施工机械使用费

施工机械使用费的索赔包括以下几项。

①由于完成额外工作增加的机械使用费。

②非承包商责任工效降低增加的机械使用费。

③由于业主或造价控制者原因导致机械停工的窝工费。窝工费的计算，如系租赁设备，一般按实际租金和调进调出费的分摊计算；如系承包商自有设备，

一般按台班折旧费计算，而不能按台班费计算，因台班费中包括了设备使用费。

4.现场管理费

现场管理费的索赔包括承包人完成合同之外的额外工作以及由于发包人原因导致工期延期期间的现场管理费，管理人员工资、办公费、通信费、交通费等。

现场管理费索赔金额的计算公式为：

现场管理费索赔金额＝索赔的直接成本费用×现场管理费率

其中，现场管理费率的确定可以选用下面的方法：①合同百分比法，即管理费比率在合同中规定；②行业平均水平法，即采用公开认可的行业标准费率；③原始估价法，即采用投标报价时确定的费率；④历史数据法，即采用以往相似工程的管理费率。

5.总部（企业）管理费

总部管理费的索赔主要指的是由于发包人原因导致工程延期期间所增加的承包人向公司总部提交的管理费，包括总部职工工资、办公大楼折旧、办公用品、财务管理、通信设施以及总部领导人员赴工地检查指导工作等开支。总部管理费索赔金额的计算，目前还没有统一的方法。通常可采用以下两种方法。

一是按总部管理费的比率计算：

总部管理费索赔金额＝（人材机费索赔金额＋现场管理费索赔金额）×总部管理费比率

其中，总部管理费比率可以按照投标书中的总部管理费比率计算（一般为3%～8%），也可以按照承包人公司总部统一规定的管理费比率计算。

二是按已获补偿的工程延期天数为基础计算。该计算方法是在承包人已经获得工程延期索赔的批准后，进一步获得总部管理费索赔的计算方法。

6.保险费

因发包人原因导致工程延期时，承包人必须办理工程保险、施工人员意外伤害保险等各项保险的延期手续，对于由此而增加的费用，承包人可提出索赔。

7.保函手续费

因发包人原因导致工程延期时，承包人必须办理相关履约保函的延期手续，对于由此而增加的手续费，承包人可以提出索赔。

8.利息

在索赔款额的计算中，经常包括利息。利息的索赔通常存在于下列情况中：

①拖期付款的利息；

②由于工程变更和工程延期增加投资的利息；

③索赔款的利息；

④错误扣款的利息。

至于这些利息的具体利率应是多少，在实践中可采用不同的标准，主要有以下几种：

①按当时的银行贷款利率；

②按当时的银行透支利率；

③按合同双方协议的利率；

④按中国人民银行贴现率加3个百分点。

9.利润

一般来说，由工程范围的变更、文件有缺陷或技术性错误、业主未能提供现场施工条件等引起的索赔，承包商可以列入利润。但对于工程暂停的索赔，由于利润通常是包括在每项实施的工程内容的价格之内的，延误工期并未影响削减某些项目的实施而导致利润减少，所以一般造价控制者很难同意在工程暂停的费用索赔中加进利润损失。

索赔利润的款额计算通常与原报价单中的利润百分率保持一致，即在成本的基础上，增加原报价单中的利润率，作为该项索赔款的利润。

10.分包费用

由于发包人的原因导致分包工程费用增加时，分包人只能向总承包人提出索赔，但分包人的索赔款项应列入总承包人对发包人的索赔款项。分包费用索赔指的是分包人的索赔费用，一般也包括与上述费用类似的费用内容的索赔。

（二）索赔费用的计算方法

索赔费用的计算应以赔偿实际损失为原则，包括直接损失和间接损失。索赔费用的计算方法通常有三种，即实际费用法、总费用法和修正的总费用法。

1.实际费用法

实际费用法又称分项法，即根据索赔事件所造成的损失或成本增加，按费用项目逐项进行分析、计算索赔金额的方法。这种方法比较复杂，但能客观地反映施工单位的实际损失，比较合理，易于被当事人接受，在国际工程中被广泛采用。由于索赔费用组成的多样化，不同原因引起的索赔，承包人可索赔的具体费用内容有所不同，必须具体问题具体分析。由于实际费用法所依据的是实际发生的成本记录或单据，所以在施工过程中，系统而准确地积累记录资料是非常重要的。

2.总费用法

总费用法也被称为总成本法，就是当发生多次索赔事件后，重新计算工程的实际总费用，再从该实际总费用中减去投标报价时的估算总费用，即为索赔金额。总费用法计算索赔金额的公式如下：

索赔金额＝实际总费用－投标报价估算总费用

但是，在总费用法的计算中，没有考虑实际总费用中可能包括由于承包商的原因（如施工组织不善）而增加的费用，投标报价估算总费用也可能由于承包人为谋取中标而导致过低的报价，因此总费用法并不十分科学。只有在难以精确地确定某些索赔事件导致的各项费用增加额时，总费用法才比较适用。

3.修正的总费用法

修正的总费用法是对总费用法的改进，即在总费用计算的原则上，去掉一些不合理的因素，使其更合理。修正的内容如下。

①将计算索赔款的时段限于受索赔事件影响的时间，而不是整个施工期。

②只计算受到索赔事件影响时段内的某项工作所受影响的损失，而不是计算该时段内所有施工工作所受的损失。

③与该项工作无关的费用不列入总费用。

④对投标报价费用重新进行核算，即按受影响时段内该项工作的实际单价进行核算，乘以实际完成的该项工作的工程量，得出调整后的报价费用。按修正后的总费用计算索赔金额的公式如下：

索赔金额＝某项工作调整后的实际总费用－该项工作的报价费用

修正的总费用法与总费用法相比，有了实质性的改进，其准确程度已接近实际费用法。

四、工期索赔的依据和计算方法

工期索赔一般是指承包人依据合同对由于非因自身原因导致的工期延误向发包人提出的工期顺延要求。

在工期索赔中应当特别注意以下问题。

第一，划清施工进度拖延的责任。因承包人原因造成施工进度滞后的，属于不可原谅的延期；只有承包人不应承担任何责任的延误，才是可原谅的延期。有时工程延期的原因中可能包含双方责任，此时监理人应进行详细分析，分清责任比例，只有可原谅延期部分才能批准顺延合同工期。可原谅延期，又可细分为可原谅并给予补偿费用的延期和可原谅但不给予补偿费用的延期。后者是指非承包人责任的影响并未导致施工成本的额外支出，大多属于发包人应承担风险责任事件的影响，如异常恶劣天气导致的停工等。

第二，被延误的工作应是处于施工进度计划关键线路上的施工内容。只有位于关键线路上工作内容的滞后，才会影响到竣工日期。但有时也应注意，既要看被延误的工作是否在批准进度计划的关键路线上，又要详细分析这一延误对后续工作的可能影响。因为若对非关键路线工作的影响时间较长，超过了该工作可用于自由支配的时间，也会导致进度计划中非关键路线转化为关键路线，其滞后将影响总工期的拖延。此时，应充分考虑该工作的自由时间，给予相应的工期顺延，并要求承包人修改施工进度计划。

（一）工期索赔的依据

承包人向发包人提出工期索赔的具体依据主要包括：

①合同约定或双方认可的施工总进度规划；

②合同双方认可的详细进度计划；

③合同双方认可的修改工期的文件；

④施工日志、气象资料；

⑤业主或工程师的变更指令；

⑥影响工期的干扰事件；

⑦受干扰后的实际工程进度等。

（二）工期索赔的计算方法

1.直接法

如果某干扰事件直接发生在关键线路上，造成总工期的延误，可以直接将该干扰事件的实际干扰时间（延误时间）作为工期索赔值。

2.比例计算法

如果某干扰事件仅仅影响某单项工程、单位工程或分部分项工程的工期，要分析其对总工期的影响，可以采用比例计算法。

已知受干扰部分工程的延期时间：

$$\text{工期索赔值} = \text{受干扰部分工期拖延时间} \times \frac{\text{受干扰部分工程的合同价格}}{\text{原合同价格}}$$

已知额外增加工程量的价格：

$$\text{工期索赔值} = \text{原合同总工期} \times \frac{\text{额外增加的工程量的价格}}{\text{原合同总价}}$$

比例计算法虽然简单方便，但有时不符合实际情况，而且比例计算法不适用于变更施工顺序、加速施工、删减工程量等事件的索赔。

3.网络图分析法

网络图分析法是利用进度计划的网络图，分析其关键线路。如果延误的工作为关键工作，则延误的时间为索赔的工期；如果延误的工作为非关键工作，当该工作由于延误超过时差而成为关键工作时，可以索赔延误时间与时差的差值；若该工作延误后仍为非关键工作，则不存在工期索赔问题。

该方法通过分析干扰事件发生前和发生后网络计划的计算工期之差来计算工期索赔值，可以用于各种干扰事件和多种干扰事件共同作用所引起的工期索赔。

4.共同延误的处理

在实际施工过程中，工期延误很少是只由一方造成的，往往是两三种原因同时作用（或相互作用）而造成的，故称为共同延误。在这种情况下，要具体分析哪一种情况下的延误是可以索赔的，依据的原则如下。

①首先判断造成延期的哪一种原因是最先发生的，即确定“初始延误者”，它应对工程延期负责。在初始延误发生作用期间，其他并发的延误者不承担延期责任。

②如果初始延误者是发包人，则在因发包人造成的延误期内，承包人既可以得到工期延长，又可以得到经济补偿。

③如果初始延误者是客观原因，则在受客观因素影响的延误期内，承包人可以得到工期延长，但很难得到费用补偿。

④如果初始延误者是承包人，则在因承包人造成的延误期内，承包人既不能得到工期补偿，也不能得到费用补偿。

第五节　建筑工程施工阶段的造价控制创新

一、施工阶段造价控制的现状

（一）施工企业高估冒算，建设单位管理不力

有许多施工企业在进行工程施工过程中，为了企业或某些个人的利益，通过高套定额，重复计算工程量，高估冒算，钻概算调整的空子，利用修改设计的借口，虚增施工内容等，加大工程开支，使建设单位和国家蒙受很大损失。而建设单位或业主作为组织施工单位进行施工的直接组织者和管理者，在对工程造价控制方面负有重要的责任。许多建设单位普遍存在着对概算调整的依赖思想，内控不严，主要表现在以下几个方面。

①在结算方面审查不严，有些建设单位组建时，大部分人员来自生产企业，缺乏管理建设项目的经验，不能对工程结算进行有效控制。

②在现场质量、签证方面缺乏有效监督，在工程质量上缺乏严格的控制，在签证结算方面还存在手续不全、有些隐蔽工程量无法确定等问题。

③在设备材料采购供应方面组织不力，中间流通环节过多，不合理采购费用过多，增大了工程造价。

④项目管理不善，造成工期延长，使项目贷款利息及管理费用和各种支出都相应增加。

（二）业主行为缺乏约束措施，增加了工程造价

现在的建筑市场是买方市场，业主处于主动支配地位，故出现了业主不规

范的行为，有的业主不认真履行标书合同的约定，不执行有关规定，指定分包，指定材料设备采购。如某生产调度中心楼项目，建筑面积 25 172 m^2，建设安装工程造价约 7 900 万元，除总包单位外，甲方自找了 9 家分包单位，分别将 2～4 层会议室装修、多功能厅、汉白玉栏杆、人防门、壁吊柜、通风空调都分包出去，分包造价约 2 400 万元，约占总造价的 30.4%，总包单位提取 4%的分包服务费，约 96 万元。

（三）施工企业管理薄弱，现场浪费严重

现在许多施工企业不重视施工管理，缺乏科学的管理手段，在施工过程中没有编制施工预算，施工技术陈旧，大量使用民工，同时内部控制制度不严，造成很大的损失浪费，最后全部损失以不同渠道转嫁到工程建设项目。还有的企业在编制施工方案时，不顾及造价高低，缺乏资金节约和管理意识。此外，因原材料供应及各施工单位施工进度不衔接造成停工、窝工的损失在工程项目建设过程中也屡屡发生，损失的金额也相当惊人。

二、施工阶段造价控制创新的策略

（一）建立约束机制，规范业主行为

在社会主义市场经济体制下，业主是工程投资的代理者和执行者，处在建筑市场的买方地位，建设过程的各个阶段都离不开业主的参与。因此，业主的行为对工程建设起着很重要的作用，政府各主管部门应对业主在建设各阶段的行为依法加以规范和约束。要强化施工总承包职能，在工程实施阶段总包单位有能力和资质的，应尽量自行承担水暖、燃气、电气、消防和装修等的施工，严禁建设单位强行分包工程任务。工程建设和材料设备应主要由承包单位负责采购，加强验收，对可能影响工程质量和使用功能的材料设备，承包单位有权

拒绝使用，任何单位和个人不得强行要求承包单位购买其指定厂家生产的材料、设备。建设单位拖欠工程款的，应采取惩罚措施。

（二）严密签订承包合同，严格控制设计修改

施工阶段是投资强度最大的一个阶段，这个阶段的投资目标也非常明确，而造价控制也往往在这个阶段最困难。要加强造价控制，首要问题是严密签订承包合同，通过合同来规范承包双方的权利、义务和责任。使任何干扰日常建设的事项都能够有章可循，任何不该发生的事项都能受到约束，从而防止由于各单位的扯皮而耽误工期、影响建设，使建设费用增加。其次要严格按照设计施工，任何人员无论是建设单位、设计单位还是施工单位，都不得随意要求修改设计，必要的修改设计也要做好经济技术分析。另外，当发生索赔时，造价控制人员应认真审查施工单位提出的索赔要求，并依据有关合同规定、技术资料、施工日志等，核定索赔内容和款项。

（三）加强企业经营管理，落实合同价

施工企业要加强施工管理，按照承包合同价，建立多层次、多形式的内部经营承包责任制，改进经营管理，搞好经济核算，降低工程造价，落实承包合同价。要加强工程变更的管理，工程变更对工程的如期完工和费用都有一定影响，变更越多，影响就越大，因此在施工阶段必须控制工程变更，做到不得随意提高设计标准，不得随意增加项目，即使是必须进行的变更，也要严格按程序进行，避免发生工程管理人员只管签证而不管算账的问题，从而防止造成工程造价失控的严重后果。

（四）合理地进行竣工结算，把握关键环节

竣工结算是工程造价控制的最后一道“闸门”，合理地进行竣工结算需要做到以下几点。

①建立健全工程台账。在工程竣工结算时应付给施工企业的工程价款总额往往不等于施工图预算所确定的工程造价，因为在施工中经常会出现各种变化，如地质、材料、工程量的增减、工程变更等。只有根据实际所发生的变化及时将设计变更，工期追加、削减、修改以及隐蔽工程的验收和材料代换等情况记入台账，才能有效地防止通过虚报、多报材料量、工程量、高套定额、重复计算等方式套取工程款，减少工程造价失控问题的发生。

②要科学地计算工程量。工程量是计价、计算材料用量的基础数据，对工程造价有连续性影响，工程量计算应力求准确。

③造价控制人员要不断学习和掌握工程造价控制方面的新知识、新动态、新规定，及时收集专业工程资料和有关数据，不断提高工作质量，只有这样才能使工程造价控制更科学合理。

（五）推行建设监理制度

监理制度是从国外引进的一种先进的管理制度。监理工程师的一个主要任务就是对建设项目的投资进行跟踪控制。首先是严格按预算确定投资控制目标，即投资支出预算。投资支出预算是项目投资具体的支出计划，是投资跟踪控制的依据和目标，在建设实施过程中，一方面要不断地对实际的投资支出与预算进行比较，另一方面可以加强对投资支出的分析预测，为及时采取预防措施提供科学的依据。其次严格监督工程质量、工程进度，为其控制投资提供可靠的依据。从实际工作来看，无论是在设计阶段还是在施工阶段或是在项目建设全过程实施监理制度，从工程造价控制的效果来看，都是一种加强造价控制的好方法。

第五章 建筑工程竣工阶段造价控制

第一节 竣工验收的基本知识

一、竣工验收的概念

竣工验收是指由发包人、承包人和项目验收委员会，以项目批准的设计任务书和设计文件，以及国家或部门颁发的施工验收规范和质量检验标准为依据，按照一定的程序和手续，在项目建成并试生产合格后（工业生产性项目），对工程项目总体进行的检验、认证、综合评价和鉴定活动。

竣工验收是全面考核建设工作，检查工程是否符合设计要求和工程质量的重要环节，对促进工程项目及时投产，发挥投资效果，总结建设经验有重要作用。凡新建、扩建、改建的基本工程项目和技术改造项目，按批准的文件所规定的内容建成，符合验收标准的，必须及时组织验收，办理固定资产移交手续。不同阶段的工程验收，如表 5-1 所示。

表 5-1　不同阶段的工程验收

类型	验收条件	验收组织
单位工程验收（中间验收）	按照施工承包合同的约定，施工完成到某一阶段后要进行中间验收； 主要的工程部位已完成了隐蔽前的准备工作，若等工程全部完成，该工程部位将置于无法查看的状态	由监理单位组织，业主和承包商派人参加，该部位的验收资料将作为最终验收的依据
单项工程验收（交工验收）	工程项目中的某个合同工程已全部完成； 合同内约定有分部分项移交的工程已达到竣工标准，可移交给业主投入试运行	由业主组织，会同施工单位、监理单位、设计单位及使用单位等有关部门共同进行
工程整体验收（动用验收）	工程项目按设计规定全部建成，达到竣工验收条件； 初验结果全部合格； 竣工验收所需资料已准备齐全	大中型和限额以上项目由国家发展改革委或由其委托项目主管部门或地方政府部门组织验收；小型和限额以下项目由项目主管部门组织验收；业主、监理单位、施工单位、设计单位和使用单位参加验收工作

二、竣工验收的条件

工程项目竣工验收应当具备下列条件：

①建设工程设计和合同约定的各项内容；

②有完整的技术档案和施工管理资料；

③有工程使用的主要建筑材料、建筑构配件和设备的进场试验报告；

④有勘察、设计、施工、工程监理等单位分别签署的质量合格文件；

⑤有施工单位签署的工程保修书。

建设单位收到工程项目竣工报告后，应当组织勘察、设计、施工、工程监理等有关单位进行竣工验收。建设工程经验收合格的，方可交付使用。

三、竣工验收的依据

竣工验收合格的工程项目除必须符合国家规定的竣工标准（或地方政府主管机关规定的具体标准）之外，在进行竣工验收和办理工程移交手续时，还应该以下列文件作为主要依据：

①国家以及省、自治区、直辖市和行业行政主管部门颁发的法律、法规、现行的施工技术验收标准及技术规范、质量标准等有关规定；

②审批部门批准的可行性研究报告、初步设计、实施方案、施工图纸和设备技术说明书；

③施工图设计文件及设计变更洽商记录；

④国家发布的各种标准和现行的施工验收规范；

⑤工程承包合同文件；

⑥技术设备说明书；

⑦建设安装工程统计规定及主管部门关于工程竣工的规定。

从国外引进新技术或成套设备的项目以及中外合资工程项目，还应按照签订的合同和国外提供的设计文件等资料进行验收。

四、竣工验收的程序

（一）承包人申请交工验收

承包人在完成了合同工程或按合同约定可部分移交工程的，可申请交工验收。交工验收一般为单项工程，但在某些特殊情况下也可以是单位工程的施工内容，如基础工程、发电站单机机组完成后的移交等。

承包人按照合同规定的施工范围和质量标准完成施工任务后，应自行组织有关人员进行质量检查评定。自检合格后，向现场监理机构提交工程竣工报验单，并按要求组织工程预验收。

（二）监理单位现场初步验收

监理工程师在收到工程竣工报告单后，应由总监理工程师组成验收组，对竣工的工程项目的竣工资料和各专业工程的质量进行初验，合格后监理工程师签署工程竣工报验单。

（三）单项工程验收

单项工程验收又称交工验收，由建设单位负责组织，监理单位、勘察设计单位、承包单位、工程质量监督部门参加。验收合格后，建设单位和承包单位共同签署交工验收证书。验收合格的单项工程，在进行全部工程的验收时，原则上不再办理验收手续。

（四）全部工程的竣工验收

全部施工过程完成后的竣工验收，由国家主管部门组织，又称为动用验收，可分为验收准备、竣工预验收和正式验收三个环节。

经过各单项工程的验收符合设计的要求，并具备竣工图表、竣工决算、工程总结等必要文件资料的工程项目，由工程项目主管部门或建设单位向负责验收的单位提出竣工验收申请报告，按现行验收组织规定，接受由银行、物资、环保、劳动、统计、消防及其他有关部门组成的验收委员会或验收组的验收，并办理固定资产移交手续。

验收委员会或验收组在正式验收中的主要工作内容如下。

①建设单位、勘察单位、设计单位分别汇报工程合同履行情况以及在工程建设各环节执行法律、法规与工程建设强制性标准的情况。

②听取承包人汇报工程项目的施工情况、自验情况和竣工情况。

③听取监理单位汇报工程项目的监理内容和监理情况，以及对项目竣工的意见。

④组织竣工验收小组全体人员进行现场检查，了解项目现状，查验项目质量，及时发现存在和遗留的问题。

⑤审查竣工项目移交生产使用的各种档案资料。

⑥审查项目质量，对主要工程部位的施工质量进行复验、鉴定，对工程设计的先进性、合理性和经济性进行复验和鉴定，按设计要求和建设安装工程施工的验收规范和质量标准进行质量评定验收。在确认工程符合竣工标准和合同条款规定后，签发竣工验收合格证书。

⑦审查试车规程，检查投产试车情况，核定收尾工程项目，就遗留问题提出处理意见。

⑧签署施工竣工验收鉴定书，对整个项目作出总的验收鉴定。竣工验收鉴定书是表示工程项目已经竣工，并交付使用的重要文件，是全部固定资产交付使用和工程项目正式动用的依据。

第二节　建筑工程竣工结算

一、竣工结算的概念

竣工结算是指施工企业按照合同规定的内容全部完成所承包的工程，经验收质量合格，并符合合同要求之后，向发包单位进行的最终工程价款结算。

二、竣工结算的要求

竣工结算有如下要求。

①工程竣工验收报告经甲方认可后 28 天内，乙方向甲方递交竣工结算报告及完整的结算资料，甲乙双方按照协议书约定的合同价款及专用条款约定的合同价款调整内容，进行工程竣工结算。

②甲方收到乙方递交的竣工结算报告及结算资料后 28 天内进行核实，给予确认或者提出修改意见。

③甲方收到竣工结算报告及结算资料后 28 天内无正当理由不支付工程竣工结算价款，从第 29 天起按乙方同期向银行贷款利率支付拖欠工程价款的利息，并承担违约责任。

④甲方收到竣工结算报告及结算资料后28天内不支付工程竣工结算价款，乙方可催告甲方支付结算价款。

⑤工程竣工验收报告经甲方认可后 28 天内，乙方未能向甲方递交竣工结算报告及完整的结算资料，造成工程竣工结算不能正常进行或工程竣工结算价款不能及时支付，甲方要求交付工程的，乙方应当交付；甲方不要求交付工程的，乙方承担保管责任。

⑥甲乙双方对工程竣工结算价款发生争议时，按解决争议的约定处理。

三、竣工结算阶段的造价控制

（一）竣工结算阶段造价控制的意义

管理人员在以往建设工程中进行造价控制时，往往将工作重点放在事前管理和事中控制上，对后期造价控制的重视不足，导致资金浪费，对工程项目的影响较为突出。因此，在实际工作中，需要管理人员及时解决以往工程造价控制工作中出现的问题，明确在竣工结算阶段进行造价控制的必要性。简而言之，需要注重建设的不同环节，对造价进行科学控制及管理。在竣工结算阶段的造价控制中，需要严格按照合同内容审核各项资金，在保证工程质量过关之后严格核对资金使用情况，并确定与之对应的竣工结算目标，科学合理地完成当前的竣工结算工作；落实精细化的工作原则，逐一完成信息的有效核对，按照竣工结算的相关要求，全面审核数据的可靠性及完整性。

（二）竣工结算阶段造价控制的方法

1.严格按照合同条款执行

在竣工结算阶段，需严格按照合同内容规范不同的工作行为，明确这一阶段管理要点，减少资金浪费问题的发生概率，从而充分保障项目的整体效益。工程造价控制是一项比较复杂的工作，在实际工作中要按照合同条款来执行，并以合同条文里专有条款的内容为主要依据，合法、合规地开展工作，防止出现偏差。竣工结算结果一般取决于合同的整体性以及完善程度，从宏观角度看，创建合同要遵循公平、平等的工作原则，科学分配职责，优化当前的造价控制方案。

2.加大对竣工结算的审核力度

竣工结算资料包括签证单、竣工图纸和设计变更等。为避免对造价控制产生不利影响，在实际工作中，需要加大对竣工结算的审核力度，满足工程造价控制的要求。尤其要保证收集的隐蔽验收资料的准确性，提高审核效率。完整的结算资料要反映工程的实际情况，对于没有全过程跟踪施工的结算人员来说，应根据最终资料反映的情况来进行审核。施工单位在报送竣工结算资料时，管理人员应认真审核资料的完整性，如果出现资料不齐全的情况，要及时通知施工单位补齐资料，同时遵循公平、公正的原则，保证竣工结算阶段的造价控制有序进行。

3.提升管理人员的综合素质

在竣工结算阶段的造价控制中，需要提高管理人员的综合素质，有效应对实际造价控制工作中存在的问题，如签证单内容的合理性。在结算时，还要注意因签证内容不合理、不完善等造成的项目结算错误等问题，优化工作方式。竣工结算阶段对工程结算编制的严谨性要求较高，需要提高专业人员的综合素质和职业道德水平，使其更加认真地完成工作任务，并且还要认真审核不同的数据，在确认没有任何问题后才可以进行日常的编制。

在竣工结算工作开始之后，相关管理人员需要投入时间和精力参与到整体的材料审核过程中。由于部分工程项目施工过程较为复杂，所涉及的范围非常广泛，对后续竣工结算阶段产生的影响较为突出，因此相关部门需要科学地开展与之相对应的培训工作，讲解在这一阶段造价控制工作中常见的问题以及应对方案，增强相关人员随机应变的能力。

4.科学合理地计算工程量

在竣工结算过程中，工程量的作用非常突出，同时也是后续竣工结算的重要依据。审核人员要根据实际工作情况，认真对待当前的结算工作，科学合理地计算最终的工程量，不弄虚作假，为竣工结算阶段的造价控制提供条件。在实际工作中，需要以工程竣工图和施工图为主要的规范标准，还要审核两者之间的差异，核对工程量的准确性，避免出现重复计算的问题，同时还要和实际情况进行比对，准确计算不同的参数，保证工程量计算效果，为后续造价控制提供依据。

5.审核编制范围

审核编制范围能够提高最终结算的准确性，完善当前的工作模式。施工单位根据项目的承包合同完成竣工结算范围的科学编制，要和之前制订的编制计划范围进行匹配验证，避免对竣工结算阶段造价控制产生不利影响，通过不同的方式保证结算内容完整。施工企业在日常审核时需要深入开展工程实际施工的审查，及时发现编制内容和实际施工内容不符的地方，调整结算编制方案。为了保证工程项目竣工结算和审核的合理性，需要选择与之对应的工程量清单计价模式。根据工程量清单计价模式，避免出现定额子目组价的盲目和随意等问题，保证各项工作具备较强的规范性。

6.检查索赔设计变更

检查索赔设计变更也是工程竣工结算阶段造价控制工作的重点，在实际工作中要严格按照招投标文件中的要求完成造价控制任务，明确规定责任和风险问题，强化竣工结算阶段的造价控制。现阶段建筑项目实施的是招投标制度，需严格执行招投标规定，提高造价控制工作的科学性。在实际审核时，需要在内部建立专业性的委员会，按照社会平均价格有效编制竣工结算，并确定不同的衡量标准，避免对后续的造价控制产生不利影响。

竣工结算阶段造价控制属于建筑工程造价控制的最终环节，有助于审核各个项目的资金使用情况，和实际管理要求进行匹配，发现资金浪费的问题，提出更加科学的修正方案，同时也可以为后续造价控制提供重要的经验支持。因此，管理人员要在竣工结算阶段加强对造价控制的动态监督，提高对竣工结算阶段造价控制的重视程度，仔细审核各个资金使用方案，避免造成经济损失。

第三节　建筑工程竣工决算

一、竣工决算的概念及作用

（一）竣工决算的概念

竣工决算是建设工程经济效益的全面反映，是以实物量和货币指标为计量单位，综合反映竣工项目从筹建开始到项目竣工交付使用为止的全部建设费用、建设成果和财务情况的总结性文件，是竣工验收报告的重要组成部分。

（二）竣工决算的作用

工程项目竣工后，应及时编制竣工决算。竣工决算的作用主要表现在以下几个方面：

①综合、全面反映竣工项目建设成果及财务情况；

②核定各类新增资产价值、办理交付使用的依据；

③能正确反映建设工程的实际造价和投资结果；

④有利于进行设计概算、施工图预算和竣工决算的对比，考核实际的投资效果。

二、竣工决算的内容

竣工决算是工程项目从筹建开始到竣工交付使用为止所发生的全部建设费用情况的报告。为了全面反映建设工程的经济效益，竣工决算由竣工财务决算说明书、竣工财务决算报表、竣工工程平面示意图、工程造价比较分析等四部分组成。其中，前两部分又称为工程项目竣工财务决算，是竣工决算的核心。

竣工财务决算说明书，有时也称为竣工决算报告情况说明书。在说明书中主要反映竣工工程建设成果，是竣工财务决算的组成部分，主要包括以下内容。

①工程项目概况，其是对工程总的评价，一般从进度、质量、安全和造价、施工方面进行分析说明。

②资金来源及运用的财务分析，包括工程价款结算、会计账务处理、财产物资情况及债权债务的清偿情况。

③建设收入、资金结余及结余资金的分配处理情况。

④主要技术经济指标的分析、计算情况，包括概算执行情况分析，根据实际投资完成额与概算进行的对比分析；新增生产能力的效益分析，说明支付使用财产占总投资额的比例、占支付使用财产的比例，不增加固定资产造价占总

投资的比例，分析有机构成和成果。

⑤指出工程项目管理及决算中存在的问题，并提出建议。

⑥需要说明的其他事项。

三、竣工财务决算报表

根据财政部印发的有关规定和通知，工程项目竣工财务决算报表应按大中型工程项目和小型项目分别制定。

大中型项目竣工财务决算报表需填报：工程项目竣工财务决算审批表；大中型项目概况表；大中型项目竣工财务决算表；大中型项目交付使用资产总表；工程项目交付使用资产明细表。

小型项目竣工财务决算报表需填报：工程项目竣工财务决算审批表；小型项目竣工财务决算总表；工程项目交付使用资产明细表。

工程项目竣工平面示意图是真实反映各种地上或地下建筑物、构筑物等情况的技术文件，是工程进行交工验收、维护、改建和扩建的依据。国家规定对于各项新建、扩建、改建的基本建设工程，特别是基础、地下建筑、管线、结构、港口、水坝、桥梁、井巷以及设备安装等隐蔽部位，都应该绘制详细的竣工平面示意图。为了提供真实可靠的资料，施工单位在施工过程中应做好这些隐蔽工程的检查记录，整理好设计变更文件，具体要求如下：

①凡按图竣工未发生变动的，由施工单位在原施工图上加盖“竣工图”标志后，即作为竣工图；

②凡在施工过程中有一般性设计变更，但能将原施工图加以修改补充作为竣工图的，由施工单位负责在原施工图上注明修改的部分，并附以设计变更通知和施工说明，加盖“竣工图”标志后，作为竣工图；

③凡出现结构形式发生改变、施工工艺发生改变、平面布置发生改变、项目发生改变等重大变化的，不宜在原施工图上修改、补充时，应按不同责任分别由不同责任单位组织重新绘制竣工图，施工单位负责在新图上加盖“竣工

图”标志，并附以有关记录和说明，作为竣工图。

四、竣工决算的编制步骤

①收集、分析、整理有关依据资料。从建设工程开始就按照编制依据的要求，收集、整理、清点有关工程项目的资料，包括所有的技术资料、工料结算的经济文件、施工图纸、施工记录和各种变更与签证资料、财产物资的盘点核实资料、债权的收回及债务的清偿资料。

②清理各项财务、债务和结余物资。

③核实工程变动情况。

④编制建设工程竣工决算说明。

⑤填写竣工决算报表。

⑥做好造价对比分析。

⑦整理、装订好竣工工程平面示意图。

⑧上报主管部门审查、批准、存档。

第四节　建筑工程项目后评估

一、项目后评估的概念

项目后评估一般是指项目投资完成之后所进行的评估。它通过对项目实施过程、结果及其影响进行调查研究和全面系统回顾，与项目决策时确定的目标以及技术、经济、环境、社会指标进行对比，找出差别和变化，分析原因，总结经验，吸取教训，得到启示，提出对策建议，通过信息反馈，改进投资管理和决策，最终达到提高投资效益的目的。

项目后评估是项目周期的一个重要阶段，也是项目管理的重要内容。项目后评估主要服务于投资决策，是出资人对投资活动进行监管的重要手段。项目后评估也可以为改善企业经营管理提供帮助。

二、项目后评估的内容

项目后评估的基本内容包括以下五个方面。

（一）项目目标后评估

项目目标后评估的目的是评定项目立项时原定目的和目标的实现程度。项目目标后评估要对照原定目标中的主要指标，检查项目实际完成指标的情况和变化，分析实际指标发生改变的原因，以判断目标的实现程度。项目目标后评估的另一项任务是要对项目原定决策目标的正确性、合理性和实践性进行分析评估，对项目实施过程中可能会发生的重大变化（如政策性变化或市场变化等）重新进行分析和评估。

（二）项目实施过程后评估

项目实施过程后评估应对照比较和分析项目、立项评估或可行性研究时所预计的情况和实际执行的过程，找出差别，分析原因。项目实施过程后评估一般要分析以下几个方面的内容：项目的立项、准备和评估；项目的内容和建设规模；项目的进度和实施情况；项目的配套设施和服务条件；项目的管理和运行机制；项目的财务执行情况。

（三）项目效益后评估

项目效益后评估以项目投产后实际取得的效益为基础，重新测算项目的各项经济数据，并与项目前期评估时预测的相关指标进行对比，以评估和分析其偏差及原因。项目效益后评估的主要内容与项目前评估无大的差别，主要分析指标还是内部收益率、净现值和贷款偿还期等项目盈利能力和清偿能力的指标，只不过项目效益后评估对已发生的财务现金流量和经济流量采用实际值，并按统计学原理加以处理，而且要对后评估时间节点以后的现金流量作出新的预测。

（四）项目影响后评估

项目影响后评估的内容包括经济影响、环境影响和社会影响的后评估。

经济影响后评估主要分析评估项目对所在国家、地区和所属行业产生的经济方面的影响，它区别于项目效益评估中的经济分析，评估的内容主要包括分配、就业、国内资源成本、技术进步等。环境影响后评估包括项目的污染控制、地区环境质量、自然资源利用和保护、区域生态平衡和环境管理等几个方面。社会影响后评估是对项目在经济、社会和环境方面产生的有形和无形的效益与结果所进行的一种分析，通过评估持续性、机构发展、参与、妇女、平等和贫困等六个要素，分析项目对国家（或地方）社会发展目标的贡献和影响，包括项目本身和对项目周围地区社会的影响。

（五）项目持续性后评估

项目持续性是指在项目的建设资金投入完成之后，项目的既定目标是否还能继续，项目是否还可以持续地发展下去，接受投资的项目业主是否愿意并可能依靠自己的力量继续去实现既定目标，项目是否具有可重复性，即是否可在未来以同样的方式建设同类项目。持续性后评估一般可作为项目影响评估的一部分，但是亚洲开发银行等组织把项目的可持续性视为其援助项目成败的关键之一，因此要求援助项目在评估中进行单独的持续性分析和评估。

三、项目后评估的种类

从不同的角度出发，项目后评估可分为不同的种类。

（一）根据评估的时点划分

1.项目跟踪评估

项目跟踪评估是指项目开工以后到项目竣工验收之前任何一个时点所进行的评估，它又称为项目中间评估。其目的是检查项目前评估和设计的质量，或是评估项目在建设过程中的重大变更（如项目产出品市场发生变化、概算调整、重大方案变化、主要政策变化等）及其对项目效益的作用和影响；或是诊断项目发生的重大困难和问题，寻求对策和出路等。

这类评估往往侧重于项目层次上的问题，比如建设必要性评估、勘测设计评估和施工评估等。

2.项目实施效果评估

项目实施效果评估是指项目竣工一段时间之后所进行的评估，就是通常所称的项目后评估，是指在项目竣工后1～2年（基础设施行业在竣工后5年左右）所进行的评估。其主要目的是检查确定投资项目或活动达到理想效果的程度，总结经验教训，为完善已建项目、调整在建项目和指导待建项目服务。一般意义上的项目后评估即为此类评估。这类评估要对项目层次和决策管理层次的问题加以分析和总结。

3.项目影响评估

项目影响评估又称为项目效益评估，是指项目后评估报告完成一段时间之后所进行的评估，在项目实施效果评估完成一段时间以后，在项目实施效果评估的基础上，通过调查项目的经营状况，分析项目发展趋势及其对社会、经济和环境的影响，总结决策等宏观方面的经验和教训。

（二）根据评估的内容划分

1.目标评估

一方面，有些项目原定的目标不明确，或不符合实际情况，项目实施过程中可能会发生重大变化，如政策性变化或市场变化等，所以项目后评估要对项目立项时原定决策目标的正确性、合理性和实践性进行重新分析和评估；另一方面，项目后评估要对照原定目标完成的主要指标，检查项目实际完成情况和变化，并分析变化原因，以判断目的和目标的实现程度，这也是项目后评估所需要完成的主要任务之一。判别项目目标的指标应在项目立项时就确定。

2.项目前期工作和实施阶段评估

主要通过评估项目前期工作和实施过程中的工作成绩，分析和总结项目前期工作的经验教训，为今后加强项目前期工作和实施管理积累经验。

3.项目运营评估

通过项目投产后的有关实际数据资料或重新预测的数据，研究建设工程项目实际投资效益与预测情况或其他同类项目投资效益的偏离程度及其原因，系统地总结项目投资的经验教训，并为提高项目投资效益提出切实可行的建议。

4.项目影响评估

分析评估项目对所在地区、所属行业和国家在经济、环境、社会等方面产生的影响。

5.项目持续性评估

项目持续性评估是指对项目的既定目标是否能按期实现，项目是否可以持续保持较好的效益，接受投资的项目业主是否愿意并可以依靠自己的能力继续实现既定的目标，项目是否具有可重复性等方面进行评估。

（三）根据评估的主体划分

1.项目自评估

由项目业主会同执行管理机构，按照国家有关部门的要求，编写项目的自我评估报告，报送行业主管部门、其他管理部门或银行。

2.行业或地方项目后评估

由行业或省级主管部门对项目自评估报告进行审查分析，并提出意见，撰写报告。

3.独立后评估

由相对独立的后评估机构组织专家对项目进行后评估，通过资料收集、现场调查和分析讨论，提出项目后评估报告。通常情况下，项目后评估均属于这类评估。

四、项目后评估的实施程序

对工程项目进行后评估，一般应按照以下程序进行。

①要认真地阅读工程项目的相关文件，收集、整理和分类管理与未来后评估相关的资料。如工程项目前期的勘察资料、可研资料、设计资料、工程建设资料、销售资料、运营资料、财务资料以及国家和行业有关的规定和政策等。

②在收集项目资料的基础上，为了弄清楚材料的真实性，有时必须对项目的实际情况进行调查。调查的范围应覆盖工程项目的可研阶段、筹建期、建设期、运营期。

③在工程项目调查完成和阅读完工程项目文件的情况下，再对工程项目的实施情况进行分析，进而进行后评估。分析评估的内容有项目环境、可持续性、资源、风险、业主满意度、项目效益、投资、目标、管理等。在进行项目后评估时，要把分析的内容与评价和前期分析的内容与评价所对应的时间节点对应

起来，要把现在的指标与原来的目标进行对比，找出其中的变化。对其中的变化和问题进行分析，找出具体原因，并提出相应的、具体的应对策略。

后评估结论要客观、科学和观点鲜明。工程项目后评估的主要目的是总结经验教训，以提高项目决策水平和管理水平，因此工程项目后评估必须做到对存在的问题不掩盖、不护短。

五、项目后评估阶段的造价控制

如前文所述，项目后评估是指对已经完成的项目的目的、执行过程、效益、作用和影响所进行的系统的、客观的分析；通过分析评估找出成败的原因，总结经验教训；并通过及时有效的信息反馈，为未来新项目的决策以及提高投资决策管理水平提出建议，同时也为以后评估项目实施运营中可能出现的问题提出改进意见，从而达到提高投资效益的目的。

项目后评估作为项目基本建设周期的最后一个阶段，是建筑工程造价控制的重要组成部分，只有做好建设项目后评估才能做到心中有数，否则，建筑工程造价控制就是一笔糊涂账。也只有做好项目后评估，才能为未来的新项目提供科学的依据。

工程造价的合理确定和有效控制贯穿于项目从决策到竣工投产的整个过程，是一个较为漫长、较为艰难的过程。这就要求项目决策者、项目实施者、监理工作者及工程造价控制人员共同努力，认真贯彻以设计阶段为重点、其余阶段不放松的全过程造价控制理念。尤其是造价控制工作者，必须熟练掌握职业所需的有关知识及技能，在项目后评估阶段严格把好造价关，以确保项目投资的充分利用和之后工程的顺利进行。

第六章　营改增与建筑工程造价

第一节　营改增理论基础及相关概念

作为贯穿建筑工程项目始终的经济指标，工程造价的重要性不言而喻。从建筑施工单位的角度来看，它是财务分析和经济评价的重要依据，能帮助施工方科学地进行投标报价；一个建筑工程项目往往涉及多个参与方，且投资金额巨大，若不能合理进行利益分配，那么项目将无法有序开展。因此，对营改增后工程造价的变动和影响进行研究迫在眉睫。

一、营改增理论基础

（一）最优税收理论

最优税收理论主要研究，在信息不对称的条件下，为了保证效率与公平的统一，政府应采用何种征税方式。出现信息不对称现象的主要原因是政府不可能完全掌握纳税人的各种情况，从而导致信息偏差，政府也不能占据信息的主导地位。因此，建筑企业应加强日常经营管理，尤其要注意税务问题，避免因自身的不规范税务行为造成损失。

目前，各行业面临着产业链的增值税抵扣链条无法闭合的难题，营改增降低税负的目的可能并未达到，甚至有的企业税负会加重。当人们无法把握市场走向时，这种情况称为市场失灵，因此税收就成了调控市场的一种手段，最优税收即是对市场整体情况的干涉。因此企业有必要对相关税务政策进行深入学习，利用税收优惠控制付款比例。最优税收理论的主要作用是对市场经济进行调控。

（二）税收中性理论

政府的税收行为是否能在市场运行中保持中立是市场经济体制是否健全的评价标准之一。在不存在收入分配问题或收入分配问题已得到解决的情况下，中立的税收行为不会给纳税人造成额外的税负。在这种情况下，因不受外部力量干预，资源配置的效率最高。

增值税仅对流通过程中的增值额进行征税，解决了营业税重复征税的问题，避免了重复课税对企业日常经营活动的不利影响，因此从 1970 年开始，西方国家开始推行中性税收，进而引发了税制革命，增值税开始国际化，在各国实践中获得了一致好评。

（三）公平课税理论

公平课税理论主要考量不同纳税人之间应该如何分配税负才算合理的问题。公平性的评价标准有两个，一是绝对值的公平，即每个经济条件相同的人缴纳的税款也要相同；二是相对值的公平，即针对不同收入水平的人规定的税率和税款也不一样。从对增值税和营业税的比较来看，增值税更胜一筹。虽然增值税税率高于营业税税率，但是从营改增降低税负的目的出发，营改增在宽税基的前提下，事实上保障了实际税率。

当增值税抵扣链条尚未形成闭环时，企业可能会出现税负增加的情况，就公平课税理论来说就是失去了纵向公平。因此在全行业实行营改增，打通抵扣链条，才能消除这种不公平现象。

二、营业税与增值税相关概念

营业税与增值税是流转税中最重要的两种税收，流转税是商品生产和交易流动过程的产物，其征收对象为商品生产、流通环节的流转额或者数量以及非商品交易的营业额。虽然营业税和增值税同属于流转税，但两者仍有较大区别。

（一）营业税

营业税计税的方式较为简单，通常是按比例从价计征，且比例根据行业不同而不同，为差别比例，其中建筑业营业税的税率为3%。

一般而言，营业税作为一种重要的流转税，具有以下四个特点。

1.总额计税

根据定义，营业税的计税基础是营业税全额，成本、费用的高低对其应纳税额不会产生影响。另外，征税范围中的应税劳务、无形资产、不动产涉及第三产业及第二产业中的建筑业，征税范围十分广泛，能保证财政收入稳定增长。

2.差别税率

营业税根据各行业的经营特点设置不同的税目及税率，在营改增之前，营业税的税目有九个，包括交通运输业、金融保险业、建筑业、邮电通信业、娱乐业、文化体育业、服务业、转让无形资产和销售不动产。一般来说，差别税率体现在同一行业适用的税率相同，不同行业税率则有差异。但如果从宏观产业环境角度来看，整体营业税的税率设计水平仍较低，体现了国家倡导税负公平、鼓励平等竞争的方针。

3.计税简便

营业税以营业收入全额为计税依据，根据营业税比例税率从价计征。即营业税＝营业收入×营业税率，因此应纳营业税额会随着营业收入的增加而增加。另外，计税公式通俗易懂，且不需要进行进项抵扣，主管税务单位的征收和管理工作较为方便。

4.价内税

价内税指的是不对包含在商品或服务价格中的税款进行单独计算，应纳营业税等于含税价格乘以相应税率。该税款由销售方承担，购买方不必另外支付。

（二）增值税

增值税是对从事销售货物或者加工、修理修配劳务以及进口货物的单位和个人取得的增值税额为计税依据的一种流转税。增值税虽然和营业税同属流转税，但是由于其特殊的征税方式，增值税有着自身的特点，主要表现在以下几个方面。

1.税收中性

增值税的征收只针对流转环节的商品或劳务增值的部分，扣除了非增值部分，因此对于同一商品无论其流转环节多少，只要增值额不变，其应纳税额也不变，企业已支付的增值税在下一环节不会重复支付。增值税体现了税收中性的特征，不会导致重复征税，基本不影响生产经营活动和消费行为。

2.覆盖范围广

增值税的税基广阔，从横向来看，无论是工商业还是劳务服务活动，只要在生产经营活动中有增值额就要纳税；从纵向来看，同一货物的每一生产经营环节都要按增值额逐次征税。增值税的征税范围覆盖商品经营全领域，征收具有普遍性和连续性。

3.税负转嫁

税负转嫁指的是纳税人通过经营活动，将自己需要承担的税负转嫁给他人承担的过程。在缴纳增值税时表现为抵扣制，即应交增值税为销项税额抵扣完进项税额后的余额。因此在实际生产经营活动中，上一环节的进项税额若有剩余，企业在缴纳增值税时会先进行抵扣，再将税负转移到下一环节，进而形成增值税抵扣链条闭环，最终的税费由消费者承担。

4.价外税

价外税与价内税的区别在于商品和服务的价格中不包含税款，需要进行单独计算，即应交增值税等于不含税价款和税率的乘积，这种与营业税不同的计税方式可以形成均衡的生产价格。同时该价外税的税款由购买该项商品或服务的购买方支付。

（三）进项税额与销项税额

1.进项税额

进项税额，是指纳税人购进货物、加工修理修配劳务、服务、无形资产或者不动产，支付或者负担的增值税额。建筑施工企业准予从销项税额中抵扣进项税额的情况主要是从销售方取得的增值税专用发票上注明的增值税额。

2.销项税额

建筑业销项税额由两部分组成，一是施工企业在销售建筑产品环节需要向税务部门缴纳的应纳税额；二是工程完工之前各环节已经缴纳的进项税额累计，由施工企业承接自上一环节并往下一环节进行抵扣流转。

3.增值税额

增值税额＝销项税额－进项税额，实际含义为抵扣进项税额之后的余额部分。这种税收制度克服了营业税全额征税导致的重复纳税弊端，税制征收更加合理，企业负担相对较轻。

（四）两税的差异分析

1.征税范围差异

根据定义，营业税的征税对象为应税劳务、无形资产转让、销售不动产营业税额，涉及交通运输、建筑、金融保险、邮政通信、文化体育、娱乐服务等行业。而增值税的征税对象主要是中国销售、进口货物，提供加工和修理修配劳务的增值额。

在营改增之前，征收营业税是要对除增值税以外的所有营业业务进行征税。但是在具体的征税执行过程中，征收范围比理论上的要狭窄，而且规定也并不严格。从实际商品生产和流通环节来看，每一环节都会产生营业税，这就导致十分严重的重复征税问题。为了避免这一问题，营业税可以只针对流通环节的某一个环节进行征收。但是增值税与此不同，其涉及可抵扣进项税额，需要打通上下游抵扣链条才能实现，这就导致征税范围更加繁杂。

2.计税方式差异

价外税和价内税的差异决定了计算应纳税额时的计算基数（是否为含税收入）。增值税是价外税，不计入企业收入和成本，在计算时需要先将含税收入换算成不含税收入，即计算增值税的收入应当为不含税的收入。而营业税是价内税，以全部营业额为基础收取税费，直接用收入乘以税率即可。

第二节　建筑业营改增对工程造价的影响

自 2016 年 5 月 1 日起，我国将建筑业纳入营改增试点范围，同时拟征 11% 的增值税税率。由于建筑业与国民经济的很多产业都具有很强的税收关联性，由此产生的税收影响范围大，政策效应复杂。再加上建筑业的流动性、分散性等特点，营改增给企业的生产经营和内部管理等方面带来了更多不确定的影响，尤其是对建筑业工程造价的影响。具体来说，建筑业营改增对工程造价的影响主要体现在以下几个方面。

一、影响产品造价

营业税是价内税，增值税是价外税，这是两者之间的本质区别。建筑工程项目中的产品造价结构在一定程度上会受到营改增政策的影响，而且还会对建筑企业修改定额标准造成影响，促使企业迅速构建新的建筑产品造价结构体系。这也意味着建筑施工企业不但要对企业内部定额进行合理修改，还要重新修改施工预算，甚至还要对其重新进行编制。在宏观上，营改增会对国家的基本投资、预算报价等造成一定影响；在微观上，营改增还会对产品造价结构与建筑工程等产生较大的影响。

二、影响各个因素造价权重

通常情况下，增值税都是会按照交易方的实际纳税规格和类型来计算实际相关费用，并且换算产品的含税价格。但是在实际情况中，由于施工人力与施工设备等多种因素在工程造价中是非常不稳定的，且各合作方的纳税规格是不同的。在实际计算中，这些因素的造价权重是非常不稳定的，这就使得人力与机械设备的造价权重在实际计算中会出现非常大的差距。实际施工成本出现不同程度的升降，其根本原因是人力与机械设备在造价权重上存在较大差异。

三、影响建筑工程成本控制

建筑工程施工过程中的工程设计、材料采购以及施工作业的各个工作环节都会影响建筑工程实际成本控制。由于存在大量潜在影响因素，因此在营改增后，影响工程造价的因素增多。工程造价单位需要综合考虑建筑工程实际情况，尽量避免不确定因素对成本控制造成影响。

四、影响传统建筑工程造价体系

传统建筑工程造价控制中，主要是根据建筑工程量计价清单来规定建筑施工成本预算。在控制建筑工程造价与施工时，主要采用承包商分包的形式，人工费用大大增加。营改增后，由于建筑工程施工材料供应的进项税率发生变化，由此产生巨大经济利益，建筑企业与承包商会因此激烈竞争，因此工程造价控制工作比较难开展。人员费用是建筑工程造价的重要组成部分，营改增后，按照小规模纳税人对人工费用进行抵扣，使人工费用在企业税务中占据较大比重，传统的造价体系已不能满足时代发展需求。

五、影响造价人员

营改增导致建筑行业存在大量无法抵扣的项目，如零星人工成本和建筑企业员工的人工成本，难以取得可抵扣的进项税，为获得进项税额抵扣，建筑企业将其全部外包，外包单位必须具备一般纳税人资格；施工用的很多零星材料和初级材料（如沙、石等），因供料方多为小规模企业、私营企业、个体户等，通常难以取得可抵扣的增值税专用发票；工程成本中的机械使用费和外租机械设备一般都是开具普通服务业发票；BT、BOT 项目通常需要垫付资金，且资金回收期长、利息费用巨大，也无法抵扣；施工生产用临时房屋、临时建筑物、构筑物等设施不属于增值税抵扣范围；等等。

第三节　建筑业营改增与工程造价控制

《关于全面推开营业税改征增值税试点的通知》规定，一般纳税人建筑企业可以根据自身经营情况对不同的工程项目灵活地选择一般计税方式或者简易计税方式。然而这两种计税方式在测算时有着较大差别，因此在建筑业实施营改增之后相较以企业为样本，以特定的工程项目为样本去研究营改增对工程造价控制产生的影响更加贴合实际。在本节，笔者将从建筑企业工程项目部的视角分析营改增对工程造价控制的影响。

一、建筑企业的各项经济业务

要认识建筑企业的各项经济业务，要先对企业工程项目部的经济业务进行简单介绍。

（一）合同关系

建筑企业的经济业务基本都需要签订合同来进行约束，因此有必要对工程项目的具体合同关系进行梳理。根据实际承包形式的不同，承包单位需要负责的工程范围也有差异。单就施工总承包模式来看，作为工程承包单位的施工企业，需要提供劳动力、建筑材料、设备机具、管理人员等有利于实现合同约定事项的资源。现实经营活动中，基于自身经营业务，施工单位常常不会独自承揽所有的专业工程，而是分包不影响结构安全的专业工程。以承包商为核心的多层次合同关系由此形成。

（二）经济关系

在承包工程项目之后，为便于进行工程造价控制，建筑企业通常会在施工现场设立工程项目部。从建筑企业内部来看，工程项目部是代表公司进行经济活动的代表机构，因此其经营活动的会计核算独立于企业，仅针对该工程项目涉及的各项业务进行核算，而总公司则是对各个项目部进行辅助核算。因此，以工程项目部为出发点对各项经营活动业务进行解析，是进一步厘清建筑企业经济关系的关键。

根据经营活动的对象不同，企业工程项目部的经济业务关系主要分为内部经济业务往来和外部经济业务往来。其中内部往来的对象是建筑企业总部，外部往来的对象是业主、供应商、租赁商、分包单位、运输单位等。

1.内部往来

一般情况下，企业工程项目部与企业总部之间的往来主要是材料和机具往来。因为从成本角度出发，建筑企业一般会统一采购建筑材料和施工机具，再由总部分配给各个工程项目部。此业务并没有合同进行约束，核算这种往来业务的款项时，施工企业总部常采用“内部核算”的会计科目。

2.外部往来

（1）业主

与业主单位往来业务的主要依据是工程承包合同，建筑施工企业依据合同规定的各项施工内容的成本、进度、质量等条件，完成相应的工程施工，业主依据合同定期支付工程款。

（2）供应商

与供应商单位往来业务的主要依据是购买合同，供应商依据合同规定按时供应建筑材料、设备机具及人工劳务，同时建筑企业按时支付合同款。

（3）租赁商

与租赁商单位往来业务的主要依据是租赁合同，机械设备租赁单位按合同要求提供设备机具，建筑企业定期支付租金。

（4）分包商

根据分包的模式不同，与分包商单位往来业务的主要依据可分为专业分包合同和劳务分包合同。因此，往来业务主要表现为分包商进行专业工程施工或者仅提供劳务，同时建筑企业根据合同支付进度款。

（5）运输单位

与运输单位往来业务的主要依据是运输合同，运输单位按照运输合同的要求提供运输服务，建筑企业支付相应的运输款。

二、营改增对工程造价控制的影响

在建筑业实施营改增之后，工程造价的计税方式、计价规则等都会发生变化，为与新政策相适应，建筑企业的工程招投标、成本控制、采购管理、分包管理等都将发生一系列的变化，本部分将对这些变化进行具体分析。

（一）工程招投标

工程招投标是建筑市场上的一种竞争行为。招标人通过招标活动在众多投标人中选定报价合理、方案优秀、工期较短、信誉良好的承包商来完成工程建设任务。而投标人则会有选择性地参与投标竞争活动，承接资信可靠的业主的建设工程项目，以取得预期的利润。建筑业营改增之后，不但工程计价规则发生了变化，而且计税方式也更加灵活。这些变化都极大了影响了工程招投标活动，作为投标企业的施工单位必须灵活应变，在保持投标价有竞争力的同时实现利润最大化。

若招标时，招标人未规定采用某种计税方法，那么在实际招标时，可能会出现以下三种投标人。①投标人都是增值税一般纳税人，且都对该工程项目采用一般计税方法。在这种情况下，各投标人可以按统一的增值税税率进行税金计算报价，因此招投标具有统一的经济评价基础。②投标人都是增值税小规模纳税人或是采用简易计税方式的增值税一般纳税人。此种情况下，各投标人均按 3%的增值税征收率计算税金报价，招投标同样具有统一的经济评价基础。③投标人中既有采用一般计税方式的增值税一般纳税人，也有采用简易计税方式的增值税一般纳税人或小规模纳税人。此种情况下，按 11%的增值税率和 3%的增值税征收率计算税金报价的投标人同时存在，此时招投标没有统一的经济评价基础。

根据发包人采用的计税模式，从承包人处承担的进项税额不一定可以进行抵扣，而工程投标中的不含税报价金额才是发包人的实际成本，因此应具体问题具体分析。例如，假定某招标人在进行公开招标时，有三家投标单位 A、B、C。其中 A、B 为增值税一般纳税人，且 A 企业就该工程采用增值税一般计税方式，B 企业就该工程采用增值税简易计税方式。C 为增值税小规模纳税人。

当招标人采用一般计税法计税的一般纳税人时，为方便分析，假定三家施工单位的报价情况。由于建筑施工企业（乙方）的销项税额对于建设单位（甲方）来说就是可抵扣的进项税额。因此当 A、B、C 三家单位的不含增值税报价相等，均为 100 万元时，三家的报价应当分别为 111 万元、103 万元和 103 万元，此时对于招标人来说，三家的竞争力相等，投标人可以根据自身公司运营情况，选择任意一种计税方式进行投标报价。

当招标人为采用简易计税方式的一般纳税人或者小规模纳税人时，沿用上文假设情况，三家单位报价情况。根据《营业税改征增值税试点实施办法》相关规定，采用简易计税法的工程项目不能抵扣进项税额，因此从上面的分析来看，B、C 企业的报价均为 103 万元，相对 A 企业的 111 万元来说对招标人更有竞争力。

总而言之，在改征增值税之后，建筑施工企业在参加投标活动时，要结合招标人和投标人双方采用的不同增值税计税方式进行综合比较分析，进而采取最合适的投标报价策略。

（二）成本控制

工程成本控制是贯穿工程前期策划、决策和施工建设全过程的重要内容，是降低成本、提高企业经济效益的基本途径，也是造价控制的重要手段。

建筑企业如果采用简易计税法就不能进行进项税额抵扣，如上例所示，如果要保证利润相同，那么B、C企业的含进项税成本须与A企业的不含税成本相同。显然，营改增之后，采用一般计税法的建筑施工企业更加具有竞争力，采用简易计税法的企业则面临更严格的成本控制要求。

此外，增值税附加税是以增值税为计算基础的，建筑施工企业在计算利润时需要考虑增值税附加税带来的影响。上例中，A企业的进项税额达到8万元时，应交增值税恰好与另外两家企业相同，且此时进项税额的比例恰好占不含税报价的8%。但是在实际生产活动中，很难有这样的巧合，因此纳税人采取的计税方法不同，增值税附加也会不一样，从而造成利润的差异。因此当某投标人应交增值税附加税高于其他投标人时，就需要严格控制成本从而才能保证和其他企业拥有相同的利润。

（三）采购管理

一般而言，材料费在工程造价中占有很大的比重，建筑业实行营改增之后，采购建材就可以获得巨额的可抵扣进项税额，这势必引起建筑方和施工方之间对建材采购权的争夺，任何一方获得采购权就将导致另外一方失去一些利益。如果大宗材料由施工单位采购，那么进行采购时施工单位不会仅以最低总价款为标准，而会综合考虑进项税抵扣因素。建筑业改征增值税后，如何合理地进行物资采购管理是一个重要问题。

下面举例进行说明。

假设建设现有某工程项目需要材料费 100 万元，如果是承包人购买建材（乙供），统一按17%增值税计算，承包人需支付117万元，按增值税法计入工程造价时按除税价100万元计算，增值税销项税额按11%计算为11万元，即发包人（甲方）需支付承包人（乙方）111 万元。这种情况下，乙方的销项税额为 11 万元，可抵扣的进项税额为 17 万元，还剩 6 万元的可抵扣差额，乙方为了自身利益可能会提高报价，但这种做法往往在投标时被限制，因为高价很难中标。

假设建设现有某工程项目需要材料费 100 万元，如果是发包人购买建材（甲供），统一按 17%增值税计算，发包人需支付 117 万元，按增值税计算工程造价时会扣除甲供材料费，即工程造价下降到 111 万元。

这种情况下，乙方不用支付 117 万元材料费和 11 万元工程税，但同时也得不到 17 万元可抵扣进项税和 111 万元工程款，与材料乙供时乙方拿到的除材料费外的工程款相同。对甲方来说，材料费支付了 117 万元，与原来材料乙供时的 111 万元相比存在 6 万元的差额，但同时也多了可抵扣的 6 万元进项税，所以无论是甲提供材料，还是乙提供材料，价格都一样。

（四）分包管理

工程分包的实际经营活动主要分为劳务分包和专业分包。

1.对劳务分包的影响

所谓劳务分包，即只将施工中的劳务作业分包给符合资质的单位。在实际的工程造价中，除材料费和机械费外，人工费也占有很大的比重。而且目前建筑工业化尚未普及、工人工资不断上涨，在可以预见的将来，工程造价中人工费的比重将不断攀升。因此，劳务分包的人工成本是否可以抵扣，将对建筑施工企业产生重要影响。目前，建筑劳务企业已经被纳入税改行列，根据试点实施办法，提供劳务清包的公司可以按增值税简易计税法缴纳增值税，且征收率为 3%，这与原营业税税率相同，故在税负上基本没有变化，但是对发包人来说，可以从分包人处获得征收率为 3%的增值税专用发票。

2.对专业分包的影响

所谓专业工程分包，即发包人将自己承包的工程中的部分分包给有资质的单位。建筑工程项目通常复杂多变，由于承包单位自身企业经营需要分散项目投入等原因，承包单位会将一些不涉及项目主体的专业工程进行分包。同时，专业分包可分为包工包料和包工不包料的分包模式，在增值税计税模式下，由于税率的不同，不同的分包模式会对总包单位的税负变化产生影响。具体而言，如果采用包工包料的分包模式，那么分包单位将获得采购材料的增值税专票。而分包单位提供给总承包单位的建筑业增值税专票的税率是11%，若采购的建筑材料适用17%的增值税税率，那么总承包单位将失去6%的进销项差额。如果采用包工不包料的分包模式，那么分包单位可能会采用简易计税法或直接提高报价的方式，从而将税负转嫁给总承包单位。

总之，不管何种分包业务活动，分包单位和总包单位为了各自企业利益必会进行激烈的博弈，建筑业改征增值税之后，如果分包单位的税负上升，它们获得的利润就会减少，那么分包单位就会提高报价或者低价中标再申请索赔变更，以弥补由税负上升带来的企业损失。在进行专业工程分包时，总包单位应该综合考虑并选择一种成本最优的方式，同时加强考察分包单位的财务管理和经营管理能力，选取财务核算健全清晰、经营管理规范严格的分包单位。

第七章　建筑工程招投标程序管理

第一节　建筑工程招投标的基本知识

一、建筑工程招标方式

根据《中华人民共和国招标投标法》，建筑工程施工招标分为公开招标和邀请招标两种方式。

（一）公开招标

公开招标又称无限竞争性招标，是指招标人按程序，通过报刊、广播、电视、网络等媒体发布招标公告，邀请具备条件的施工承包商投标竞争，然后从中确定中标者并与之签订施工合同的过程。

1.公开招标的优点

招标人可以在较广的范围内选择承包商，投标竞争激烈，择优率更高，有利于招标人将工程项目交予可靠的承包商实施，并获得有竞争性的商业报价，同时，也可以在很大程度上避免招标过程中的贿标行为。因此，国际上政府采购通常采用这种方式。

2.公开招标的缺点

准备招标、对投标申请者进行资格预审和评标的工作量大，招标时间长、费用高。同时，参加竞争的投标者越多，中标的机会就越少；投标风险越大，损失的费用也就越多，而这种费用的损失必然会反映在标价中，最终会由招标人承担，故这种方式在一些国家较少采用。

（二）邀请招标

邀请招标也称有限竞争性招标，是指招标人以投标邀请书的形式邀请预先确定的若干家施工承包商投标竞争，然后从中确定中标者并与之签订施工合同的过程。

采用邀请招标方式时，邀请对象应以5～10家为宜，至少不应少于三家，否则就失去了竞争意义。与公开招标方式相比，邀请招标方式的优点是不发布招标公告，不进行资格预审，简化了招标程序，因而节约了招标费用、缩短了招标时间。而且由于招标人比较了解投标人以往的业绩和履约能力，从而降低了合同履行过程中承包商违约的风险。对于采购标的较小的工程项目，采用邀请招标方式比较有利。此外，有些工程项目的专业性强，有资格承接的潜在投标人较少或者需要在短时间内完成投标任务等，不宜采用公开招标方式的，也应采用邀请招标的方式。

值得注意的是，尽管采用邀请招标方式时不进行资格预审，但为了体现公平竞争和便于招标人对各投标人的综合能力进行比较，仍要求投标人按招标文件的有关要求，在投标文件中提供有关资质资料，在评标时以资格后审的形式作为评审内容之一。邀请招标方式的缺点是，由于投标竞争的激烈程度较低，有可能会提高中标合同价；也有可能排除某些在技术上或报价上有竞争力的承包商参与投标。

二、建筑工程招投标策略

招投标策略是指承包商在投标竞争中的系统工作部署及其参与投标竞争的方式和手段。企业在参加工程投标前应根据招标工程情况和企业自身的实力，组织有关投标人员进行投标策略分析，其中包括企业目前经营状况和自身实力分析、对手分析和机会利益分析等。在招投标过程中，企业如何运用以长制短、以优制劣的策略和技巧，关系到能否中标和中标后的效益。通常情况下，建筑工程招投标策略有以下几种。

（一）建筑工程招标策略

①招标分公开招标和邀请招标。凡合同额达到招标限额的单项或单位工程，如具备招标条件均采取公开招标方式确定供应商。对不适宜公开招标和市场资源有限无法进行招标的项目，坚持特事特批的原则，按照审批权限上报企业总部审批。招标范围、招标方式和招标组织形式的确定均遵从相关规定。

②符合公开招标规定的项目均采取公开招标方式，遇特殊情况需采取邀请招标或不招标的，须经有关方面批准后方可实施。

③如要采取邀请招标或不招标，必须报请企业总部批准或总经理办公会批准。采取邀请招标或不招标项目的报请文件主要内容包括：项目的基本情况、估算合同价格、采取邀请招标或不招标的依据和理由、拟邀请参与投标人的名称或拟与其进行竞争性谈判的单位名称等，同时以附件的形式将投标人或谈判单位的基本情况、资质、业绩、实力、技术水平等情况加以说明。

④在招标文件的编制中，加强各子项目（包括子项目项下的小项）投标商的资格审查工作，无论采用哪种发包模式，必须通过招标选择合格的供货商，确保所有参加工程建设的供货商的资质符合和满足项目要求。

⑤注重技术方案的合理和优化，力争追求最高的性价比。

⑥在招标阶段重视优化方案的提出，具体操作为：鼓励投标商提出优化方

案，优化方案不参与评选，但是在评标阶段作为加分的参考依据。

⑦重视标书中合同条款的及早准备。提前准备好相应合同条款，对于合同中重要的条款，在标书中进行明确和完善，减少未来合同谈判阶段的工作量。

（二）建筑工程投标策略

1.低价竞标策略

低价竞标策略就是建筑企业在某种特定的条件和环境下进行投标时，不得不采用的一种策略和手段，这里所说的低价竞标是一个相对的概念，“高”和“低”皆有一个客观的度，低于这个度的低价竞争，实际上是破坏市场的恶性竞争。但是投标单位采用适度的低价即以成本价为限，若能够中标，对该投标单位来说也未必不是好事，至少可以提升它的知名度。所以，有些投标单位采用低价竞标策略当然也有其必然性和必要性。同时，这种低价竞标也是投标人在投标策略中所用的一种方法，只要不是恶意地去破坏市场的公平竞争，也不失为一种好方法。

2.无利润标的策略

缺乏竞争优势的承包商，在不得已的情况下，只好在投标中根本不考虑利润去夺标，这种策略一般在以下情形中采用。长时期内，承包商没有在建的工程项目，如果再不中标，就难以维持生存。因此，虽然本工程无利可图，只要能有一定的管理费维持公司的日常运转，就可设法度过暂时的困难。对于分期建设的项目，先以低价获得首期工程，而后赢得机会创造第二、三期工程的竞争优势，并在以后的施工中赚得利润。

3.高价盈利策略

投标报价时，既要考虑企业自身的优势和劣势，也要分析投标项目的特点。按照工程项目的不同特点、类别、施工条件等来选择报价策略。而所谓的获得较高利润的报价策略，就是在报价时选择高利润的报价方式。也就是说，在遇到如下情况时报价可高一些：施工条件差的工程；总价低的小工程，以及自己不愿做、又不得不投标的工程；特殊工程，如港口、码头、地下开挖工程等；工期要求急的工程；投标对手少的工程；支付条件不理想的工程；专业要求高的技术密集型工程，假如本公司在这方面有专长，声望也较高，就可以选择高利润的投标报价方式。

4.不平衡报价策略

不平衡报价策略是指在不影响工程总报价的前提下，通过调整内部各个项目的报价，以达到既不提高总报价、不影响中标，又能在结算时得到更理想收益的报价方法。不平衡报价策略适用于以下几种情况。

①能够早日结算的项目（如前期措施费、基础工程、土石方工程等）可以适当提高报价，以利于资金周转，提高资金时间价值。后期工程项目（如设备安装、装饰工程等）的报价可适当降低。

②经过工程量核算，预计今后工程量会增加的项目，可以适当提高单价，这样在最终结算时可以多盈利；而对于将来工程量有可能减少的项目，适当降低单价，这样在工程结算时不会有太大损失。

③设计图纸不明确、估计修改后工程量会增加的，可以提高单价；而工程内容说明不清楚的，则可以降低一些单价，在工程实施阶段通过索赔再寻求提高单价的机会。

④对暂定项目要做具体分析。因这一类项目要在开工后由建设单位研究决定是否实施，以及由哪一家承包单位实施。如果工程不分标，不会另由一家承包单位施工，则其中肯定要施工的单价可以报高一些，不一定要施工的则应报低一些。如果工程分标，该暂定项目也可能由其他承包单位施工时，则不宜报高价，以免抬高总报价。

⑤单价与包干混合制合同中，招标人要求有些项目采用包干报价时，宜报高价。一则这类项目多半有风险，二则这类项目在完成后可全部按报价结算。对于其余单价项目，则可以适当降低报价。

⑥有时招标文件要求投标人对工程量大的项目报综合单价分析表，投标时

可将单价分析表中的人工费及机械使用费报得高一些，而材料费报得低一些。这主要是为了在今后补充项目报价时，可以参考选用综合单价分析表中较高的人工费和机械使用费，而材料则往往采用市场价，因而可获得较高收益。

5.多方案报价策略

多方案报价策略是指在投标文件中报两个价：一个是按招标文件的条件报的价格；另一个是加注解的报价，即如果某条款做某些改动，报价可降低多少。这样可以降低总报价，以此吸引招标人。

多方案报价策略适用于招标文件中的工程范围不很明确，条款不很清楚或很不公正，或技术规范要求过于苛刻的工程。采用多方案报价法，可以降低投标风险，但投标工作量较大。

6.突然降价策略

突然降价策略是指先按一般情况报价或表现出自己对该工程兴趣不大，等快到投标截止时，再突然降价。采用突然降价策略可以迷惑对手，提高中标概率，但对投标单位的分析判断和决策能力要求很高，要求投标单位能全面掌握和分析信息，作出正确判断。

7.其他报价策略

（1）计日工单价的报价

如果是单纯报计日工单价，且不计入总报价中，则可报高一些，以便在建设单位额外用工或使用施工机械时多盈利。但如果计日工单价要计入总报价时，则要具体分析是否报高价，以免抬高总报价。总之，要分析建设单位在开工后可能使用的计日工数量，再来确定报价策略。

（2）暂定金额的报价

暂定金额的报价有以下三种情形。

①招标单位规定了暂定金额的分项内容和暂定总价款，并规定所有投标单位都必须在总报价中加入这笔固定金额，但由于分项工程量不很准确，允许将来按投标单位所报单价和实际完成的工程量付款。这种情况下，由于暂定总价

款是固定的，对各投标单位的总报价水平竞争力没有任何影响，因此投标时应适当提高暂定金额的单价。

②招标单位列出了暂定金额的项目和数量，但并没有限制这些工程量的估算总价，要求投标单位既列出单价，也应按暂定项目的数量计算总价，将来结算付款时可按实际完成的工程量和所报单价支付。这种情况下，投标单位必须慎重考虑。如果单价定得高，与其他工程量计价一样，将会增大总报价，影响投标报价的竞争力；如果单价定得低，将来这类工程量增大，会影响收益。一般来说，这类工程量可以采用正常价格。如果投标单位估计今后实际工程量肯定会增大，则可适当提高单价，以在将来增加额外收益。

③只有暂定金额的一笔固定总金额，将来这笔金额做什么用，由招标单位决定。这种情况对投标竞争没有实际意义，按招标文件要求将规定的暂定金额列入总报价即可。

（3）可供选择项目的报价

有些工程项目的分项工程，招标单位可能要求按某一方案报价，而后再提供几种可供选择方案的比较报价。投标时，应对不同规格情况下的价格进行调查，对于将来有可能被选择使用的规格应适当提高其报价；对于技术难度大或其他原因导致的难以实现的规格，可将价格有意抬高得更多一些，以阻挠招标单位选用。但是，所谓“可供选择项目”，是招标单位进行选择，并非由投标单位任意选择。因此，虽然适当提高可供选择项目的报价，并不意味着肯定可以取得较高的利润，只是提供了一种可能性，一旦招标单位今后选用，投标单位才可得到额外利益。

（4）增加建议方案

招标文件中有时规定，可提一个建议方案，即可以修改原设计方案，提出投标单位的方案。这时，投标单位应抓住机会，组织一批有经验的设计和施工工程师，仔细研究招标文件中的设计和施工方案，提出更为合理的方案以吸引建设单位，促成自己的方案中标。这种新建议方案可以降低总造价或缩短工期，或使工程施工方案更为合理。但要注意，对原招标方案一定也要报价。建议方案不要写得太具体，要保留方案的技术关键，防止招标单位将此方案交给其他投标单位。同时要强调的是，建议方案一定要比较成熟，具有较强的可操作性。

（5）采用分包商的报价

总承包商通常应在投标前先取得分包商的报价，并增加总承包商摊入的管理费，将其作为自己投标总价的一个组成部分一并列入报价单中。应当注意，分包商在投标前可能同意接受总承包商压低其报价的要求，但等总承包商中标后，他们常以种种理由要求提高分包价格，这将使总承包商处于十分被动的位置。为此，总承包商应在投标前找几家分包商分别报价，然后选择其中一家信誉较好、实力较强和报价合理的分包商签订协议，同意该分包商作为分包工程的唯一合作者，并将分包商的姓名列到投标文件中，但要求该分包商相应地提交投标保函。如果该分包商认为总承包商确实有可能中标，也许愿意接受这一条件。这种将分包商的利益与投标单位捆在一起的做法，不但可以防止分包商事后反悔和涨价，还可能迫使分包商报出较合理的价格，以便共同争取中标。

（6）许诺优惠条件

投标报价中附带优惠条件是一种行之有效的手段。招标单位在评标时，除主要考虑报价和技术方案外，还要分析其他条件，如工期、支付条件等。因此，在投标时主动提出提前竣工、低息贷款、赠给施工设备、免费转让新技术或某种技术专利、免费技术协作、代为培训人员等，均是吸引招标单位、利于中标的辅助手段。

三、建筑工程招投标价格控制

（一）建筑工程招投标价格形成机制

建筑工程造价，一般是指进行某项工程所花费（指预期花费或实际花费）的全部费用。它是一种动态投资，它的运动受价值规律、货币流通规律和商品供求规律的支配。因此在承包工程投标报价计算中要运用决策理论、会计学、经济学等理论评定报价策略，从行政上、技术上和商务上进行全面鉴别、比较以后，采用科学的计算方法和切合实际的计价依据，合理确定工程造价。

1.我国现行工程造价计价依据

我国施工企业也很少有自己的施工预算定额，这给国际承包工程投标报价工作带来了一定的难度。虽然近几年各类工程咨询公司纷纷出现，建设项目实行招投标竞争、项目管理制度，但是在工程造价计价依据方面，定额、取费标准仍然由政府制定、管理并作为法定价格。因此，在工程造价控制中，轻决策、重实施，轻经济、重技术的现象难以改变。

2.市场经济条件下招投标工程计价依据

在市场经济条件下，能够及时、准确地捕捉工程建设市场价格信息是业主和承包商保持竞争优势、控制成本和取得盈利的关键，也是工程招投标价格计算和结算的重要依据。因此，要加大对现行工程造价计价依据的改革力度，在统一工程项目划分、统一计量单位、统一工程量计算规则和消耗定额的基础上，遵循商品经济的规律，建立以市场形成价格为主的价格机制。即实行量价分离，改变计价定额的属性，定额不再作为政府的法定行为，但是量要统一，要在国家的指导下，由有关的咨询公司或专业协会制定工程量计算规则和消耗定额，促进市场公平竞争，保持社会生产力平衡发展。

价格要逐步放开，先由定额法定价向指导价过渡，再由指导价向市场价过渡，与国际市场接轨。企业可以根据自身人员技术水平、装备水平、管理能力、资质、经验和社会信誉制定企业自己的定额与取费标准。在计算某一项具体工程的投标报价时，再结合市场供求变化、政府和社会咨询机构提供的价格信息和造价指数、工程质量、承包方式、合同工期、价款支付方式等因素，按照国际惯例和规范灵活自主报价。

3.工程招投标价格的计算

工程招投标价格的表现形式是标底。施工图设计阶段，标底的计算以预算定额为基础；初步设计或扩大初步设计阶段以概算定额为基础；标底的计算方法主要是综合单价法。许多工程是在初步设计或扩大初步设计阶段就开始招标，因此用概算定额为基础编制标底可在一定程度上避免漏项或重复计算的差错，保证计算结果的准确性，但使用的概算定额必须准确、有效。为了满足招投标的需要，目前各工程咨询公司、专业协会可以在政府主管部门的指导下，在全国统一定额及各省建委编制的建筑工程定额，房屋修缮、装修定额，市政定额的基础上将某些子目合并归于主要的子目中，编制概算定额。这样可以大大简化标底的编制工作量，节省时间。

各企业也可以在概算定额的基础上进行费用合并，取消取费类别，变为竞争性费率，即将间接费、管理费、利润等企业竞争性费用及国家法定的税金费率等所有费用均列入每一项单价中，不另外单独计算，这就是综合单价法。这样再结合企业积累的工程资料库，根据市场供求变化、政府和社会咨询机构提供的价格信息和造价指数等因素，可以进一步缩短标底的编制时间，达到更高的准确度，为利用计算机快速报价创造必要的条件。

为了提高工程招投标价格的竞争力，在编制施工组织设计时要体现先进的劳动生产技术，要努力降低工程施工的间接时间、空闲、浪费时间，减少和消除设计变更、施工错误导致的返工时间。另外，要避免施工机械的无效闲置，减少临时设施的占地面积，减少库存，提高资金的利用率，等等。

（二）建筑工程招投标价格的有效控制

招投标工程对于承包商来说风险很大，从决定响应招标文件，编制投标文件开始风险就产生了。在计算投标价格时有风险，价格高了不中标，丢项、漏项也不中标，一旦中标就可能有亏损的风险。在工程建设过程中也始终存在着风险因素，有市场价格变化风险、设计风险、物资采购风险、施工管理风险等，直至工程竣工验收合格，工程款、质量保证金如数收回，人员、施工机械安全撤回基地或转移到另一个工程现场，这个工程的风险才最终消失。因此，招投标工程必须做好风险控制，而工程招投标价格的有效控制显得尤为重要。

1.开展财务决策

开展财务决策是企业的生产经营和财务管理的一个重要组成部分，是从财务角度对企业经营决策方案进行评价和选择。在国际工程投标价格计算中，要想工程中标并有盈利，必须有适应市场经济体制的财务机制。它的主要任务就是提供企业资金动态信息，密切关注市场变化，作出前瞻性预测分析，为企业投标报价提供决策依据。

传统的事后管理模式，使得现行的概预算制度只是重视承包工程的建筑安装工程费用管理，而忽视了整个项目的造价控制，不重视总体效果的最优化，没能把现代化管理思想即先预测、后控制的思想和方法纳入体系。事后核算式的概预算管理制度不能防止和解决决策及设计阶段的失误、浪费，也不能防止和解决设备材料采购、保管中的价格问题、质量问题及库存等问题。概预算管理离不开定额，甲乙双方都要以定额为基础开展工作，相互沟通、理解。上级管理部门、审计部门和仲裁机构也都以定额作为评判的标准，这是一种静态的投资控制。

招投标价格计算与概预算管理不同，工程招投标价格的计算事先就要考虑到企业内外部环境的因素，考虑到人工、材料、机械台班等价格的变化因素。要了解工程的地理条件和工程范围，要了解项目运行的全过程、项目的组织机构、质量管理、资源管理、合同管理；要研究折旧、技术措施、临时设施的摊销、风险分析；还要与采用的施工方案、标准规范、选用的施工机械、工程价款的支付方式等相结合，对投标价格进行分析，作出财务决策，这是一种微观管理。

因此，应在事前进行“控制”，在投标报价时就要主动地采取财务决策，使技术与经济相结合，控制工程造价，保证中标和盈利。

2.根据工程实际情况采用有利的合同价格形式

经济合同是法人之间为实现一定的经济目的，明确相互权利和义务的协议。签订合同不仅仅是一种经济业务活动，也是一种法律行为，是运用法律手段和经济手段来管理经济的一种措施。在市场经济条件下，工程招投标不仅仅是一个定价的问题，还要把设计文件、合同条件、文本管理以及招标、投标都结合起来。不仅仅要算准价格，还要报出合理的、有竞争性的标书价格。工程招投标结束以后，通过招投标所形成的价格，要以合同价格的形式固定下来。通过合同管理实现对招投标价格的有效控制。

合同价款与支付条款是经济合同的核心条款之一，在合同谈判、签订、执行、管理过程中占有重要地位。因此招投标合同价确定下来以后，可以改变过去重进度和质量控制、轻成本控制的思想，对于当年开工、当年竣工的工程，设计部门、施工企业、物质供应部门可以按各自的承包范围，采用固定总价合同，价格从头到尾一次包死；对于跨年度的较大工程或设计文件不完备、工程量不能固定的工程，可以采用单价合同；对于价格变化趋势不清楚，不能一次包死的工程，可以按国际惯例，有所包死，有所不包。也可以在合同中规定价格调整范围及价格调整计算公式，以降低风险。

3.实行限额设计

对于一个工程来说，在其投资建设期内主要包括设计、物资采购和施工管理三个环节。工程投资效益的好坏，工程造价的高低，起决定作用的是设计。工程设计阶段是形成工程造价的首要阶段，在这个阶段节约投资的机会多、金额大、付出的代价小。工程质量、建设周期、项目功能、项目寿命和项目投资回报率等都在设计阶段以技术和投资费用的形式表现出来。目前的概预算管理往往只重视施工阶段的造价控制，忽视了设计阶段和物资采购阶段的造价控制，出现预算超概算、结算超预算的现象也就在所难免。在工程招投标机制下，工程设计工作的特点是技术决定经济，经济制约技术，因此要做好工程招投标价格的有效控制必须实行限额设计，即在设计规模、设计标准、设计深度、工程数量与投资额等各个方面实现有效控制。

4.改进物资采购管理制度，逐步与市场接轨

在建筑安装工程中，材料费大约占建安工程费的70%。在安装工程中，设备费也占有很大的比重，因此影响工程招投标价格的另一个因素就是物资采购管理制度。要想真正使市场形成价格的机制得以有效运行，就要有相应的物资采购管理制度。

目前，在工程造价控制中，在计算主材费时普遍采用的计算依据是当地建委编制的《××地区××年材料预算价格本》，实际供应价与价格本中的价格之差，在结算时需要补足差价。这种管理方法不能控制采购渠道、采购价格，不能做到事前的成本控制，使工程投资无法得到控制，工程结算价往往超过概预算价格或招投标合同价格。因此，在市场经济条件下，无论是业主还是承包商，采购物资时都要在投标报价或合同规定的品种、数量、质量、价格范围内实行限额采购，努力降低设备材料费。例如，实行比价采购管理，要货比三家，采购价不能高于预算价、成本价；另外，还要建立和完善内部采购和审核制度，实行决策权、执行权、审核权三权分立等，从而有效控制工程造价。

5.工程索赔是招投标价格控制的又一项重要工作

工程招投标价格控制的另一项重要工作是工程索赔管理。索赔是法律和合同赋予的正当权利，承包商应树立索赔意识，重视索赔、善于索赔，建立健全索赔管理机制。目前的概预算管理制度中，结算常采用预算加设计变更加签证的做法，是一种事后算账的做法，而招投标工程中价格要以合同的形式固定下来，对于设计变更、超合同范围的工作量、不可预见费、不可抗力以及对方违约造成的损失则要通过索赔的形式来维护自己的利益。因此，招投标工程的索赔有其独特的规律，是一种先算账后干活、算好账再干活或边算账边干活的动态控制方法。

承包商要有很强的经营意识，从合同的缔结直至履行完毕，始终坚持扩大经济效益这一根本目标，一切活动都是为了实现这一根本目标。承包商要充分发挥主观能动性，不要等到亏损了再来想办法，而要把索赔当作提高经济效益

的重要途径，在事件发生前就要考虑应采取的措施，积极主动地研究利用和控制风险的办法。在索赔时效内，按照索赔程序，依照可靠的证据，提出索赔理由和索赔内容，编报索赔文件。

在市场经济条件下，招投标工程是一个系统工程，涉及方方面面，其价格形成的机制有其固有的特点和运行规律，因此要根据其特点和运行规律，认真做好招投标工程的价格计算和控制，提高竞争力，既要保证工程中标，又要保证能取得一定的经济效益。

第二节　建筑工程招投标程序管理现状及改进策略

一、建筑工程招投标程序管理现状

（一）价格形成机制不健全

建设工程造价，即为建成一项工程预计或实际在土地市场、设备市场、技术劳务市场以及承包市场等交易活动中所形成的建筑安装工程的价格和建设工程总价格。它是一种动态投资。建设工程造价的变化受价值规律、货币流通规律和商品供求规律的支配。因此，在承包工程投标报价计算中，应运用决策理论、会计学、经济学等理论评定报价策略，在全面鉴别、比较以后采用科学的计算方法和切合实际的计价依据，合理确定工程造价，使其报价中标。

我国现行工程造价控制制度是在计划经济模式下建立的，忽视了企业独立的经济地位，国家直接参与管理活动，直接制定和控制构成工程造价的各种因素，如设备材料出厂价、采购保管费、运杂费、工资、间接费、管理费和税金等。在工程造价计价依据方面，定额、取费标准由政府制定，并作为法定价格。国家的法定价格只是反映了社会的平均水平，并且存在一定的时滞性，没有真正反映市场价，也不能体现一个公司真正的水平，更不能体现各投标企业间管理机制、经营水平、技术水平、材料的采购渠道及采购规模效应、施工装备等企业综合实力的差异，这对于综合实力强的企业是不公平的，不利于降低工程造价。

（二）标底不能真正反映工程价格

工程量清单为投标者提供了一个共同的竞争性投标的基础，从而有利于投标人编制商务标的，也有利于专家进行评审。然而，招标人提供的工程量清单中工程量的准确性存在不足，按国际工程惯例，投标人应对工程量清单进行复核、确认，但目前在我国的工程实施过程中，常常发生中标单位因业主提供的工程量清单中工程量漏算或少算，而向业主索赔的事件，从而使业主在投资控制方面面临失控的风险。在市场供求失衡的状态下，一些建设单位不顾客观条件，人为压低工程造价，使标底不能真实反映工程价格，从而使招标投标缺乏公平性和公正性，使施工单位的利益受到损害。

（三）评标定标缺乏科学性

评标定标是招标工作最关键的环节，要体现招投标的公平合理，必须要有一个公正合理、科学先进、操作准确的评标办法。目前，国内还缺乏这样一套评标办法，导致一些建设单位仍单纯看重报价的高低，以取低标为主；评价小组成员中绝大多数是建设单位派出的人员，有失公正性；评标过程中，存在极大的主观性和随意性；评标中定性因素多，定量因素少，缺乏客观公正性；开标后议标现象仍然存在，甚至把公开招标演变为透明度极低的议标招标。建设工程招投标是一个相互制约、相互配套的系统工程，目前招投标本身法律、法规体系尚不健全，改革措施滞后。市场监督和制约机制不够完善，也缺乏配套的改革措施，这就给招投标过程带来很大的风险。

（四）预算编制受主客观因素影响大

预算编制的准确性成了中标的关键。在综合评标法中，报价这一指标的权重往往占60%～70%，而预算编制是否准确，是报价是否合理的关键。如果预算编制不准确就会使报价偏离评标价，使得报价得低分并导致投标失败。工程招投标过程的时间安排一般都比较紧凑，而预算编制受主客观因素的影响较大，它会使许多真正有竞争力的企业由于出现简单错误而失去竞争力，这对施工企业来说是一大损失。

（五）工程造价控制制度滞后

1.工程造价不能反映竞争机制的要求

在市场经济范围内，资源实现最优化配置的前提是自由竞争市场体系，建筑领域的竞争主要集中在建筑工程招标投标阶段，而竞争的核心必然是价格。但事实上，现行的工程造价计价方式不利于公平竞争局面的形成。例如，定额中度量得过于精细，试图“绝对精细”地反映建设项目所消耗的各种资源，因而形成的价格往往缺乏弹性。工程量的计算规则是对施工方法和施工措施都进行严格区分，使竞争性费用无法从造价中分离出来。

2.工程招标投标中采用合理低价中标法

合理低价中标法的目的是通过专家的评审，选择不低于其成本而报价的投标人，其前提是专家对工程量清单中各项内容的企业成本有相当程度的了解，但各企业的成本为其商业秘密，因此，专家在评审某投标单位的报价过程中，很难保证有充分理由肯定某家企业报价低于其成本价。在大多数情况下，除非投标单位在报价中有明显错误，否则，很难确定报价是否是真正意义上的低价且合理。

二、建筑工程招投标程序管理的改进策略

（一）加强制度建设，完善招投标相关的法律法规

在招投标过程中，订立合同时，其订立、履行、变更比较复杂，再加上需要招投标标的多为建设工程项目，技术性比较强，更加剧了问题的复杂性。我国自 20 世纪 80 年代实行招投标制度以来，已经有相当数量的招投标法律法规文件出台，但是招投标的立法明显落后于经济的发展，不能满足经济发展的需要，因此必须加快制定招投标配套法规的步伐，细化招投标监管及违规处罚的办法。对于查出的违法违规行为，要做到违法必究，执法必严。对有串标、挂靠行为的投标作废标处理。

（二）加强部门协作，强化责任追究制度

实行招标负责人终身负责制，杜绝串、陪标现象。招标方的代表多为建设单位的领导人，投资所用的钱都是国家的，建设工程质量的好坏，工程价款的多少和自己切身利益没有直接关系。个别负责招标的人由于得到了投标人的种种“好处”，内定中标人，这也是“陪标”现象的“症结”所在。笔者认为，要杜绝此类问题，应实行工程质量终身负责制，如果工程质量出现问题，则可以对招标负责人进行惩罚。这样就可以预防一些因行政干预导致的问题，避免招标投标中的陪标现象。此外，针对当前建筑市场中的转包现象，监理单位应当充分发挥监理职能。从质和量两个方面加以分析，确定中标人是否存在转包行为。

（三）调整监管方式，发挥招标投标管理机构的宏观管理职能

《中华人民共和国招标投标法》第七条规定：“招标投标活动及其当事人应当接受依法实施的监督。”对招标投标活动进行监督管理的主要任务之一就是保护正当竞争，加强对招标投标活动的监督管理。同时，依法查处招标活动中的违法行为。对招标投标活动进行监督的方式主要有以下几个。

第一，强化招标投标备案制度，落实招标投标书面报告制度、中标候选人和中标结果公示制度、招标批准制度。

第二，建立健全企业信用管理制度，在招标投标监管环节全面建立市场主体的信用档案，将市场主体的业绩、不良行为等全部记录在案，并向社会公布。将企业的信用情况纳入工程招投标管理中，出台专门的文件。将市场主体的不良行为与评标直接连接起来，使信用不良者无从立足；同时，打通投诉、举报招标投标中违法违规行为的渠道，达到监管的目的。通过建设项目报建、建设单位资质审查以及对开标、评标过程的监督，可以充分发挥招标投标管理机构的宏观职能，规范工程招标投标活动，真正保证工程建设效益。

第三，转变监管观念，由工程建设前期的阶段性监管转向项目全过程的监管，探索建立招投标管理的后评价制度。

（四）与国际接轨，强化对招投标程序的监督

首先，在招投标过程中，要体现公开、公平、公正的原则，与国际接轨。按市场经济发达国家和国际组织的惯例，应分设招投标管理监督机构和具体执行机构。应有一个与招标执行机构完全分开的实行集中统一监督管理的部门，有一套完善的监督管理措施和办法，对建筑工程招投标程序实施有效的监督管理，以解决在实践中经常出现的监督不到位或无人监督、无法监督的问题。

其次，可建立健全具体操作规范，完善招投标监督程序。应该按照《中华人民共和国招标投标法》制定一系列招投标操作具体规程，比如招投标的信息

发布、评标过程及评委构成、评标规则和评标方法；合同签订与履约验收及备案审查、执行监督、纠纷仲裁等，都要有相应的管理办法和实施办法，使操作人员严格按操作规程办事，从而保证整个招投标过程能依照法定的程序进行。

最后，可加强对招投标业务档案的管理。招投标业务档案是衡量和检验招标工作质量的重要资料，也是事后接受监督的重要依据。当一项招投标业务完成后，应立刻整理招投标业务资料，归档封存，防止更改、损坏业务档案。

第八章　建筑工程开标、评标与定标

第一节　建筑工程开标

一、建筑工程开标活动

招标投标活动经过招标阶段和投标阶段之后，便进入了开标阶段。开标是指在投标人提交投标文件的截止日期后，招标人依据招标文件所规定的时间、地点，在有投标人出席的情况下，当众开启投标人提交的投标文件，并公开宣布投标人的名称、投标价格以及投标文件中的其他主要内容的活动。《中华人民共和国招标投标法》第三十四条规定："开标应当在招标文件确定的提交投标文件截止时间的同一时间公开进行；开标地点应当为招标文件中预先确定的地点。"开标应当按照招标文件规定的时间、地点和程序，以公开方式进行。

（一）开标时间

开标时间和投标文件递交截止时间应为同一时间，应具体确定到某年某月某日的几时几分，并在招标文件中明示。要保证每一投标人都能事先知道开标的准确时间，以便准时参加，确保开标过程公开、透明。将开标时间规定为提交投标文件的截止时间，这样规定的目的是防止投标中的舞弊行为，比如招标人和个别投标人非法串通，在投标文件截止时间之后，视其他投标人的投标情况修改个别投标人的投标文件，损害国家和其他投标人的利益。

（二）开标地点

为了使所有投标人都能事先知道开标地点，并能按时到达，开标地点也应当在招标文件中事先确定，以便每一个投标人都能事先为参加开标活动做好充分的准备，如根据情况选择适当的交通工具，并提前做好机票、车票的预订工作等。

（三）开标时间和地点的修改

如果招标人需要修改开标时间和地点，应以书面形式通知所有招标文件的收受人。如果涉及房屋建筑和市政基础设施工程施工项目的招标，根据《房屋建筑和市政基础设施工程施工招标投标管理办法》的规定，招标文件的澄清和修改均应在通知招标文件收受人的同时，报工程所在地的县级以上地方人民政府建设行政主管部门备案。

（四）开标应当以公开方式进行

开标活动除时间、地点应当向所提交投标文件的投标人公开之外，开标程序也应公开。开标的公开进行是为了保护投标人的合法权益。同时，也是为了更好地体现和维护公开、透明、公平、公正的招标投标原则。

（五）开标的主持人和参加人

开标的主持人可以是招标人，也可以是招标人委托的招标代理机构。开标时，为了保证开标的公开性，除必须邀请所有投标人参加外，也应该邀请招标监督部门、监察部门的有关人员参加，还可以委托公证部门参加。

二、建筑工程开标程序

建筑工程按下列程序进行开标。

（一）投标人出席开标会的代表签到

投标人授权出席开标会的代表填写开标会签到表，招标人应派专人负责核对签到人身份，应与签到的内容一致。

（二）开标会议主持人宣布开标程序、开标会纪律和当场废标的条件

1.开标会纪律

①场内严禁吸烟。

②凡与开标无关的人员不得进入开标会场。

③参加会议的所有人员应关闭手机，开标期间不得高声喧哗。

④投标人代表有疑问应举手发言，参加会议人员未经主持人同意不得在场内随意走动。

2.投标文件有下列情形之一的，招标人不予接收投标文件

①逾期送达的或未送达指定地点的。

②未按招标文件要求密封的。

③未通过资格预审的申请人提交的投标文件。

（三）公布投标人名称

公布在投标截止时间前递交投标文件的投标人名称，并点名再次确认投标人是否到场。

（四）主持人介绍主要的与会人员

主持人宣布到会的开标人、唱标人、记录人、公证人员及监督人员等有关人员的姓名。

（五）按照投标人须知前附表的规定检查所有投标文件密封情况

一般而言，主持人会请招标人和投标人的代表共同（或委托公证机关）检查各投标书密封情况，密封不符合招标文件要求的投标文件应当场废标，不得进入评标环节。

（六）按照投标人须知前附表的规定确定并宣布投标文件的开标顺序

一般按《中华人民共和国招标投标法》规定，以投标人递交投标文件的时间先后顺序开启标书。

（七）设有标底的，公布标底

标底是评标过程中衡量投标人报价的参考依据之一。

（八）唱标人依唱标顺序依次开标并唱标

由指定的开标人（招标人和招标代理机构的工作人员）在监督人员及与会代表的监督下当众拆封所有投标文件，拆封后应当检查投标文件组成情况并记入开标会记录，开标人应将投标书和投标书附件以及招标文件中可能规定需要唱标的其他文件交给唱标人进行唱标。唱标的主要内容一般包括投标报价、工期和质量标准、投标保证金等，在递交投标文件截止时间前收到的投标人对投标文件的补充、修改同时宣布，在递交投标文件截止时间前收到的投标人撤回其投标文件的书面通知的投标文件不再唱标，但须在开标会上进行说明。

（九）开标会记录签字确认

开标会记录应当如实记录开标过程中的重要事项，包括开标时间、开标地点、出席开标会的各单位及人员唱标的内容等，招标人代表、招标代理机构代表、投标人的授权代表、记录人及监督人应当在开标会记录上签字确认，对记录内容有异议的可以注明。

（十）开标会结束

主持人宣布开标会结束，投标文件、开标会记录等送封闭评标区封存。

第二节　建筑工程评标

所谓评标，是指按照规定的评标标准和方法，对各投标人的投标文件进行评价比较和分析，从中选出最佳投标人的过程。评标是招标投标活动中十分重要的阶段，评标是否真正做到公平、公正，决定着整个招标投标活动是否公平和公正；评标的质量决定着招标人能否从众多投标竞争者中选出最满足招标项目各项要求的中标者。所以，评标活动应遵循公平、公正、科学、择优的原则，在严格保密的情况下进行。

一、建筑工程评标活动组织及要求

（一）评标活动组织

评标应由招标人依法组建的评标委员会负责，即由招标人按照法律的规定，挑选符合条件的人员组成评标委员会，负责对各投标文件进行评审。招标人组建的评标委员会应按照招标文件中规定的评标标准和方法开展评标工作，对招标人负责，从投标竞争者中评选出最符合招标文件各项要求的投标者，最大限度地实现招标人的利益。

（二）对评标委员会的要求

1.评标委员会须由下列人员组成

（1）招标人代表

招标人的代表参加评标委员会，在评标过程中充分表达招标人的意见，与评标委员会的其他成员进行沟通，并对评标的全过程实施必要的监督。

（2）相关技术方面的专家

由招标项目相关专业的技术专家参加评标委员会，对投标文件所提方案技术上的可行性、合理性、先进性和质量可靠性等技术指标进行评审比较，以确定在技术和质量方面真实满足招标文件要求的投标。

（3）经济方面的专家

由经济方面的专家对投标文件所报的投标价格、投标方案的运营成本、投标人的财务状况等投标文件的商务条款进行评审比较，以确定在经济上对招标人最有利的投标。

（4）其他方面的专家

根据招标项目的不同情况，招标人还可以聘请除技术专家和经济专家以外的其他方面的专家参加评标委员会。例如，对一些大型的或国际性的建筑工程项目，还可聘请法律方面的专家参加评标委员会，以对投标文件的合法性进行审查把关。

2.评标委员会成员人数及专家人数要求

《评标委员会和评标方法暂行规定》第九条规定："评标委员会由招标人或其委托的招标代理机构熟悉相关业务的代表，以及有关技术、经济等方面的专家组成，成员人数为五人以上单数，其中技术、经济等方面的专家不得少于成员总数的三分之二。"

评标委员会成员人数不宜过少，不利于集思广益，也不利于从经济、技术各方面对投标文件进行全面的分析比较。当然，评标委员会人数也不宜过多，否则会影响评审工作的效率，增加评审费用。评审委员会人数须为单数，以便在各成员评审意见不一致时，可按照多数通过的原则产生评标委员会的评审结论，推荐中标候选人或直接确定中标人。

评标委员会成员中，有关技术、经济等方面的专家的人数不得少于成员总数的三分之二，以保证各方面专家的人数在评标委员会成员中占绝对多数，充分发挥专家在评标活动中的权威作用，保证评审结果的科学性、合理性。招标人的代表不得超过成员总数的三分之一。

3.评标委员会专家条件要求

参加评标委员会的专家应当同时具备以下条件：

①从事相关领域工作满 8 年；

②具有高级职称或者具有同等专业水平；

③能够认真、公正、诚实、廉洁地履行职责；

④身体健康，能够承担评标工作。

4.评标委员会专家选择途径规定

由招标人从国务院有关部门或省、自治区、直辖市人民政府有关部门提供的专家名册或者招标代理机构的专家库内的相关专业的专家名单中确定。对于一般招标项目，可以采用随机抽取的方式确定，而对于特殊招标项目，由于其专业要求较高，技术要求复杂，则可以由招标人在相关专业的专家名单中直接确定。

5.评标委员会职业道德与保密规定

评标委员会成员应当客观、公正地履行职责，遵守职业道德，对所提出的评审意见承担个人责任。评标委员会成员不得私下接触任何投标人或者与招标结果有利害关系的人，不得收受投标人、中介人、其他利害关系人的财物或其他好处。

与投标人有利害关系的人不得进入相关项目的评标委员会。与投标人有利害关系的人包括投标人的亲属、与投标人有隶属关系的人员或者中标结果的确定涉及其利益的其他人员。若与投标人有利害关系的人已经进入评标委员会，经审查发现以后，应当按照法律规定更换，该评标委员会的成员自己也应当主动退出。

评标委员会成员的名单在中标结果确定前应当保密，以防止有些投标人对评标委员会成员采取行贿等手段，以谋取中标。评标委员会成员和参与评标的有关工作人员不得对外透露对投标文件的评审和比较标准、中标候选人的推荐情况以及与评标有关的其他情况。

二、建筑工程评标程序

评标的目的是根据招标文件中确定的标准和方法，对每个投标人的标书进行评价和比较，以评出最佳投标人。评标一般按以下程序进行。

（一）评标准备工作

第一，认真研究招标文件。

①招标的目的。

②招标工程项目的范围和性质。

③主要技术标准和商务条款或合同条款。

④评标标准、方法及相关因素。

第二，编制供评标使用的各种表格资料。

（二）初步评审（简称初审）

初步评审是指从所有的投标书中筛选出符合最低要求标准的合格投标书，剔除所有无效投标书和严重违法的投标书。初步评审工作比较简单，但却是非常重要的一步。因为通过初步筛选，可以减少详细评审的工作量，保证评审工作顺利进行。

在正式评标前，评标委员会要对所有投标文件进行符合性审查，判定投标文件是否完整有效以及有无重大偏差的情况，从而在投标文件中筛选出符合基本要求的投标人，投标书只有通过初步评审方可进入详细评审阶段。初步评审的主要项目包括以下内容。

1.证明文件

①法定代表人签署的授权委托书是否生效。

②投标书的签署、附录填写是否符合招标文件要求。

③联营体的联营协议是否符合有关法律、法规等的规定。

2.合格性检查

①通过资格预审的合法实体、项目经理是否在投标时被更改。

②投标人所报投标书是否符合投标人须知的各项条款。

3.投标保证金

①投标保证金是否符合投标人须知的要求。

②以银行保函形式提供投标保证金的，其措辞是否符合招标文件所提供的投标保函格式的要求。

③投标保证金有无金额小于或期限短于投标人须知中的规定的。

④联营体投标的保证金是不是按招标文件要求以联营体各方的名义提供。

4.投标书的完整性

①投标书正本是否有缺页，按招标文件规定应该每页进行小签的是否完成了小签。

②投标书中的涂改、行间书写、增加或其他修改是否有投标人或投标书签署人小签。

③投标书是否有完整的工程量清单报价。

5.实质性响应

①对投标人须知中的所有条款是否有明确的承诺。

②商务标报价是否超出规定值。

③商务要求和技术规格是否有如下重大偏差：第一，要求采用固定价格投标时提出价格调整的；第二，施工的分段与所要求的关键日期或进度标志不一致的；第三，以实质上超出分包允许的金额和方式进行分包的；第四，拒绝承担招标文件中分配的重要责任和义务，如履约保函和保险等；第五，对关键性条款表示异议和保留，如适用法律、税收及争端解决程序等；第六，忽视“投标人须知”，出现可导致拒标的其他偏差。

投标书违背上述任何一项规定，评标委员会认定给招标人带来损失且无法弥补的，将不能通过符合性审查。但是在评标过程中，投标人标书有可能会出现实质上响应了招标文件，但个别处有细微的偏差，经补正后不会造成不公平的结果，所以评标委员会可以书面方式要求投标人澄清或补正疑点问题，按要求补正后的投标书有效。一般而言，通常有以下几方面细微偏差需澄清或补正：投标文件中内容含义不明确，对同类问题表述不一致，书面有明显文字错误或计算错误的内容等。

如果投标人不能合理说明上述问题或拒不按照要求对投标文件进行澄清、说明或者补正的，评标委员会可以否决其投标或在详细评审时可以对细微偏差作不利于该投标人的量化，量化标准应在招标文件中规定。若投标人应评标委员会要求同意对有细微偏差处进行澄清或补正，应以书面形式进行，并不得超过投标文件的范围或者改变投标文件的实质性内容。

处理投标文件中内容不一致或者错误的原则：投标文件中大写金额和小写金额不一致时，以大写金额为准；总价金额与单价金额不一致时，以单价金额为准，但单价金额小数点位置有明显错误的除外；对不同文字文本投标文件的解释有异议的，以中文文本为准。

（三）详细评审（简称终审）

在完成初步评审以后，下一步就进入到详细评定和比较阶段。只有在初审中确定为基本合格的投标文件，才有资格进入详细评定和比较阶段。在详细评定阶段，评标委员会根据招标文件确定的评标标准和方法对初审合格的投标文件的技术部分与商务部分作进一步的评审和比较。

详细评审的主要内容包括以下几个方面。

1.商务性评审

商务性评审的目的是从成本、财务和经济分析等方面评定投标报价的合理性和可靠性，并估量授标给投标人后的不同经济效果。商务性评审的主要内容如下：

①将投标报价与标底进行对比分析，评价该报价是否可靠、合理；

②分析投标报价的构成和水平是否合理，有无严重的不平衡报价；

③审查所有保函是否被接受；

④进一步评审投标人的财务实力和资信程度；

⑤投标人对支付条件有何要求或给予招标人以何种优惠条件；

⑥分析投标人提出的财务和支付方面的建议的合理性；

⑦是否提出与招标文件中的合同条款相悖的要求。

2.技术性评审

技术性评审的目的是确认备选的中标人完成本招标项目的技术能力以及其所提方案的可靠性。技术性评审的主要内容包括以下几个方面。

第一，投标文件是否包括招标文件所要求提交的各项技术文件，这些技术文件是否同招标文件中的技术说明或图纸一致。

第二，企业的施工能力。评审投标人是否满足工程施工的基本条件，项目部配备的项目经理、主要工程技术人员，以及施工员、质量员、安全员、预算员、机械员等五大员的配备数量和资历。

第三，施工方案的可行性。主要评审施工方案是否科学、合理，施工方案、施工工艺流程是否符合国家、行业、地方强制性标准规范或招标文件约定的推荐性标准规范的要求，是否体现了施工作业的特点。

第四，工程质量保证体系和所采取的技术措施。评审投标人质量管理体系是否健全、完善，是否已经取得相关质量体系认证。投标书有无完善、可行的工程质量保证体系和防止质量通病的措施及满足工程要求的质量检测设备等。

第五，施工进度计划及保证措施。评审施工进度安排得是否科学、合理，所报工期是否符合招标文件要求，施工分段与所要求的关键日期或进度安排标志是否一致，有无可行的进度安排计划，有无保证工程进度的具体可行措施。

第六，施工平面图。评审施工平面图布置得是否科学、合理。

第七，劳动力、机具、资金需用计划及主要材料、构配件计划安排。评审有无合理的劳动力组织计划安排和用工平衡表，各工种人员的搭配是否合理；有无满足施工要求的主要施工机具计划，并注明到场施工机具产地、规格、完好率及目前所在地处于什么状态，何时能到场，能否满足要求；施工中所需资金计划及分批、分期所用的主要材料、构配件的计划是否符合进度安排。

第八，评审在本工程中采用的国家、省建设行政主管部门推广的新工艺、新技术、新材料的情况。

第九，合理化建议方面。在本工程上是否有可行的合理化建议，能否节约投资，有无对比计算数额。

第十，文明施工现场及施工安全措施。评审对生活区、生产区的环境有无保护与改善措施，有无保证施工安全的技术措施及保证体系。

（四）编写并上报评审报告

除招标人授权直接确定中标人外，评标委员会按照评标后投标人的名次排列，向招标人推荐 1～3 名中标候选人。评标委员会经评审，认为所有投标都不符合招标文件要求，可以否决所有投标，这时招标项目应重新进行招标。评标委员会完成评标后，应当向招标人提交书面评标报告，并抄送有关行政监督部门。评标报告应当如实记载以下内容：

①基本情况和数据表；

②评标委员会成员名单；

③开标记录；

④符合要求的投标人一览表；

⑤废标情况说明；

⑥评标标准、评标方法或者评标因素一览表；

⑦经评审的价格或者评分比较一览表；

⑧经评审的投标人排序；

⑨直接确定的中标人或推荐的中标候选人名单以及签订合同前要处理的事宜；

⑩澄清、说明、补正事项纪要。

评标报告由评标委员会全体成员签字，对评标结论持有异议的评标委员会成员可以书面的方式阐述其不同意见和理由。评标委员会成员拒绝在评标报告上签字且不陈述其不同意见和理由的，视为同意评标结论。评标委员会应当对此作出书面说明并记录在案。

三、建筑工程评标标准

评标必须以招标文件规定的标准和方法进行，任何未在招标文件中列明的标准和方法，均不得采用，对招标文件中已标明的标准和方法，不得有任何改变。这是保证评标公平、公正的关键，也是国际通行的做法。

一般而言，工程评标标准包括价格标准和非价格标准。其中非价格标准主要有工期、质量、资格、信誉，施工人员和管理人员素质，以及管理能力、以往的经验等。

四、建筑工程评标方法

建筑工程招投标常用的评标方法有两种：经评审的最低投标价法和综合评估法。

（一）经评审的最低投标价法

1.经评审的最低投标价法的内容

经评审的最低投标价法是在工程量清单计价模式下应运而生的一种科学、合理的评标方法，适用于通用技术、性能标准或者招标人对技术、性能没有特殊要求的房屋建筑和市政基础设施工程。我国《中华人民共和国招标投标法》第四十一条规定，中标人的投标应当符合下列条件之一：①能够最大限度地满足招标文件中规定的各项综合评价标准；②能够满足招标文件的实质性要求，并且经评审的投标价格最低，但是投标价格低于成本的除外。

经评审的最低投标价法包含以下三方面的含义：①能够满足招标文件的实质性要求，这是投标中标的前提条件；②经过评审的投标价格为最低，这是评标的核心；③投标价格处于不低于自身成本的合理范围之内。

这种评标方法的理念就是要选择报价最低的投标单位，但是报价不能低于自身成本，可以理解为合理的低价中标法，即在经评审合理的原则下授予报价最低的投标人。这种评标方法既保证了招标人的质量和工期要求，报价较低，同时也使投标人有利润空间，是一种既适应我国国情又与国际惯例接轨的理想评标办法。

经评审的最低投标价法的原则是：在技术标评审通过的前提下，总报价最低为最终中标人。经评审最低报价中标法的特点是：能最大限度地降低工程造价，节约建设投资；可最大限度地减少招标过程中的腐败行为；节省了评标的时间，减少了评标的工作量。当工程项目较小，施工技术要求一般时，用此种评标办法可简化评标过程。

2.经评审的最低投标价法的优点

经评审的最低投标价法的优点有以下几个：

①能最大限度地降低工程造价，节约建设投资；

②符合市场竞争规律，优胜劣汰，更有利于促使施工企业加强管理，注重技术进步；

③可最大限度地减少招标过程中的腐败行为，将人为的干扰降到最低，使招标过程更加公平、公正、公开；

④节省了评标的时间，减少了评标的工作量。

利用经评审的最低投标价法进行评标的风险相对较大。低的工程造价固然可以节省业主的成本，但是有可能造成投标单位在投标时盲目地压价，在施工过程中却没有采取有效的措施降低造价，而是以劣质的材料、低劣的施工技术等方法压低成本，导致工程质量下降，违背了最低报价法的初衷。

经评审的最低投标价法主要适用于具有通用技术、统一的性能标准，并且施工难度不大、招标金额较小或实行清单报价的建筑工程施工招标项目。

3.实施经评审的最低投标价法的意义

与我国传统的招标方法相比，经评审的最低投标价法主要有以下意义。

第一，实施此方法有利于节省投资，保证投资效益，部分原因来自激烈竞争引起的降价，另一原因来自政府工程定额标准与现实市场价格和企业内部定额的价值严重背离。虽然经评审的最低投标价法刚开始应用，并且只在部分项目上得到应用，但不同的地区、不同的队伍、不同的工程项目，采用经评审的最低投标价法前后的价格都不约而同地下降了，这不仅大大节省了投资，也成功地克服了概算超估算、预算超概算、结算超预算的顽症。

第二，有利于建筑行业的结构调整，实现建筑市场买卖双方的供需平衡。经评审的最低投标价法的实质，就是在充分尊重价值规律的前提下，通过投标人之间的竞争，压缩存在于建筑行业中虚高的利润，使建筑产品的价格向真实的市场价格回归，并与其他行业的利润水平趋于一致。利润水平的下降，不但能降低企业进入这一行业的欲望，也促使企业转行、重组、兼并等行为的发生，从而有效地减少建筑行业的企业数量，使市场供需关系重新趋于平衡。部分地区较多地采用经评审的最低投标价法，在很短的时间内就显示出了明显的效果，这种积极的变化是多年来通过行政手段始终难以达到的。

第三，有利于建筑企业强化内部管理，提高经营管理水平。采用经评审的最低投标价法后，利润水平被有效压缩，企业如果疏于管理，还有可能亏本，加上同行业企业之间的竞争，必将迫使企业不得不建立自己的成本核算体系，并从控制企业成本入手，强化内部管理，降低成本，提高经营水平，提高工程质量和企业信誉，经过一段时间后，最终将有利于建筑行业整体水平和国际竞争力的提高。

第四，有利于规范市场行为，遏制层层转包、挂靠、阴阳合同等不良行为。采用经评审的最低投标价法使利润水平下降后，一方面将使层层转包、挂靠行为的双方不再有利可图，从而有效地遏制此类不良行为；另一方面，由于顺应了价值规律的要求，可以通过合理、合法的途径实现非国有资金项目招标人节省投资的基本意愿，阴阳合同也会随之大大减少。

第五，实际效果好，几乎没有暗箱操作，有利于公平、公正的竞争秩序的形成，有效防止国有资金项目中的腐败行为，是一种真正符合公平、公开和公正原则的招投标方法。按照经评审的最低投标价法进行的竞争，中标靠的主要是以企业实力为基础的价格，这就从根本上改变了中标的决定因素。遵循低价优先原则所压缩的利润水平，也减少了实施腐败行为所需的金钱基础。两个方面共同作用，能从根本上消除国有资金项目中腐败行为发生的内在动力，对解决我国建筑工程招标中存在的内外合谋违纪、外部人寻租败德行为等问题有特殊的效果。

第六，有利于企业树立市场风险意识，推动工程保险、工程担保等相关服务性行业的发展。采用经评审的最低投标价法，不仅降低了利润水平，也加大了市场的风险，部分企业已从为数不多的这类项目中得到了必要而可贵的经验，由此也将使企业逐步树立风险意识，主动寻求防范风险的措施，从而增强自身抵抗风险的能力。

保险和担保是人们在日常生活中用于防范风险的两种经济手段，尤其是与工程建设相关的工程保险和工程担保业，由于其特殊的专业性和复杂性，在我国尚未得到长足的发展。只有市场产生了对工程保险和工程担保的需求，才会促进这一行业的发展，经评审的最低投标价法的实行，恰恰能带来对工程保险和工程担保的客观需求。因此，正确的态度应当是，在推行经评审的最低投标价法的同时，积极倡导开展工程保险和工程担保，从而实现两者的良性互动、共同发展。

第七，操作简便，有效投标中谁报价低谁中标，简便的招标过程节约了招标过程中各环节发生的交易成本。

第八，有利于我国造价工程师队伍整体素质的提高。

第九，有利于我国建筑市场更全面地与国际市场接轨，使我国建筑企业在参与国际市场竞争中立于不败之地。

4.推行经评审的最低投标价法的困难

（1）传统思想观念的惯性

很多人认为，采用经评审的最低投标价法，会促使施工企业开展无序的低价竞争，不利于建筑业的发展，也不利于建筑市场的健康发展。另外，低价竞争的结果会给工程质量带来更多的问题，工程质量人命关天，是不允许有闪失的。从个别城市试行情况看，最低价中标后，施工企业为了获利，会想方设法促成设计变更，结果是决算价远远超出中标价，使最低价中标失去意义。以上这些顾虑就目前来说并不是多余的，都有发生的潜在可能性。从表面上看，这些问题是采用了经评审的最低投标价法而引起的，但事实上导致这些问题的根本原因是建筑市场环境不佳，而不是经评审的最低投标价法本身。

（2）体制不健全

市场对招标主体的监督和制约力度不够，各种适应经评审的最低投标价法的社会保障制度和监督体制未能形成和建立。

（3）工程定额体制的制约

虽然工程量清单计价制度已实施多年，但目前实际上仍然是工程量清单计价和定额计价制度并行。首先体现在招标人编制招标预算环节仍然使用定额计价，其次大多数投标单位尚未建立反映自身技术经济水平的企业定额，其造价控制人员编制投标文件时也习惯性地沿用定额计价。

（4）社会信用体系欠缺

社会信用体系欠缺，缺乏守信的激励和失信的惩罚机制，加剧了信息的不真实性，影响招投标各方主体的行为。

（5）经评审的最低投标价法自身要求高

一是对投标者资格审查要求严格，确保参加投标者能够完成工程；为了预防没有实力的公司进行恶性价格竞争，在中标后又不能完成工程，给业主造成损失，必须严格资格审查。

二是招标前期工作要求质量高，无论勘察还是设计都要提高精度，特别是招标文件的编写要十分细致周到，工程规模越大，技术越复杂，招标书要求越精确、细致。经评审的最低投标价法要求工程施工中尽量少签证，甚至零签证，以防止经评审的最低投标价法流于形式，因为一旦设计变更，或是招标文件有漏洞，就会推翻原来的综合单价，需要重新定价。

三是投标人要有独立的私人估价信息，可以按照它们自己的内部工程造价标准进行自主报价。但因为过去定额的法定性，限制了投标企业建立自身的企业定额，目前大部分投标企业未建立企业定额，没有独立的估价信息。

四是要求招标保证配套措施齐全，最主要的是要有工程担保措施。

（6）确定“低于成本报价”比较困难

准确估计投标人的建设成本比较困难，这是源于投标报价中建设成本的“测不准原理”。因为项目的建设成本只有在竣工结算后才能清楚地统计，评标中的评估由于涉及投标人的施工技术、管理能力、材料采购渠道、财务状况等多方面因素，所以比较困难，而且在目前国家的相关法规中，对如何确定招标中“低于成本的报价”只有模糊的定义，有些省份也出台了一些判断条款，但实际操作性较差，这给评标带来了很大困难。

5.经评审的最低投标价法试行遇到的问题与相关分析

现在社会上有一种认识上的误区，认为最低价中标，就会导致建设工程在施工过程中偷工减料，容易造成质量事故，甚至把这二者等同起来，即只要是最低价中标的工程，必然会导致建设工程偷工减料，影响工程质量。其实，质量与管理密切联系，而与价格没有必然联系。在建设工程领域，利润最大化是大部分施工企业的最重要追求，可依照《中华人民共和国建筑法》《中华人民共和国招投标法》的规定，对验收标准达不到合格要求的企业，要求其返工直至合格为止，情节严重的可取消其一定时间内参加投标的资格，情节特别严重的可以吊销其营业执照。

另外，在与经评审的最低投标价法这一国际惯例同时配套存在的还有另外一个国际惯例，那就是工程保证担保制度，即专门用于对付那种恶意低价中标的不诚实行为的风险转移工具。招标人完全可以要求投标人提供投标担保以及中标后的履约担保、工程质量担保等，这在FIDIC条款中都有明确的表述，在我国的《中华人民共和国建筑法》《中华人民共和国招投标法》等现行法律、法规中都可以找到法律依据。

在工程保证担保制度下，任何由于中标人主观上的故意或过错包括恶意低价中标，导致最后无法按合同的约定完成，给招标人所造成的一切损失都将由第三方的保证人先行或代为履约、找人履约或赔偿，再由保证人通过反担保措施向被保证人即承包人索赔。这样，如果报价低于成本，造成的一切损失还是中标人自己的，招标人是不会有任何损失的。因此，在有工程保证担保的利益机制制约下，低于成本价的中标人将会被自然淘汰。

当然，在工程管理中，人们的风险意识还不是很强，对工程保证担保社会功能的认识还不是很充分，招标人防范工程管理风险的措施还处于低级阶段，对中标人所提供担保的要求只有合同额的很小一部分，还不能给招标人提供足够的风险保障，还不足以完全防范恶意低价中标可能造成的损失。

6.经评审的最低投标价法所需外部环境

经评审的最低投标价法在美国等国家被长期使用，因为它与其他招标方法相比有许多突出优点。国外在使用经评审的最低投标价法这种工程评标方法的初期也暴露出不少问题，如低价中标高价索赔，低价低质等，并出现许多由于价格太低无法完工而形成的“烂尾工程”。

虽然经评审的最低投标价法是市场规律的结果，中标价与质量事故也无关，这种评标方法也有法律保障，但是经评审的最低投标价法在我国的应用离不开社会主义市场经济的完善。外部环境条件的营造，不能仅靠政府的力量，还要靠市场各方主体的能动响应，随着我国建筑市场的逐步开放，最低价中标的原则应该成为业主的第一选择。在与国际惯例接轨的过程中，只有通过政府主管部门的职能转换、依法监督，施工企业的适应配合，咨询代理机构的规范操作，才能使经评审的最低投标价法逐渐推广，使建筑市场机制进一步完善。

（二）综合评估法

综合评估法是评标委员会对满足招标文件实质性要求的投标文件，按照规定的评分标准对确定好的评价要素如报价、工期、质量、信誉等进行打分，根据每个指标的权重和得分来计算总得分，选择综合评分最高的投标人为中标人，但是投标价格低于其成本的除外。一般总计分值为100分，各因素所占比例和具体分值由招标人自行确定，并在招标文件中明确载明。

这种方法的操作要点如下。

第一，评标委员会根据招标项目的特点和招标文件中规定的需要量化的因素及权重（评分标准），将准备评审的内容进行分类，各类中再细化成小项，并确定各类及小项的评分标准。

第二，评分标准确定后，每位评标委员会委员独立地对投标书分别打分，各项分数统计之和即为该投标书的得分。

第三，进行综合评分。例如，报价以标底价为标准，报价低于标底5%范围内为满分（假设为50分），高于标底6%范围内和低于标底8%范围内，比标底每增加1%或比标底减少1%均扣减2分，报价高于标底6%以上或低于8%以下均按0分计。综合以上得分情况后，最终以得分的多少排列顺序，作为综合评分的结果。

综合评估法简单实用，便于操作，评标考虑因素更为全面，可以将难以用金额表示的各项要素量化后进行比较，从中选出最好的投标人。但是各评标人独立给分，对评标人的水平和知识面要求较高，否则主观随意性较大；评价指标的设置和各指标的权重不好确定，往往会出现投标者综合水平与得分不一致的现象。因此，采用综合评估法要解决两个关键问题，一是科学设置评价指标；二是合理确定各指标的权重。

招标文件必须详细载明评标的标准，要求表达清晰、含义明确。在工程招标评标过程中，主观判断常存在于对评判指标的排序和权重分配中，需要努力克服。应最大限度地削减评标专家的自由裁量权，杜绝人为因素。

可见，综合评估法是一种定量的评标方法，在评定因素较多且程序复杂的情况下，可以综合评定各投标人的素质情况和综合能力，它主要适用于技术复杂、施工难度较大、设计结构安全的建筑工程招标项目。

五、建筑工程评标原则

评标是招投标工作最重要的环节之一，招投标活动成功与否关键在于评标质量的好坏，评标工作一方面是对招标方负责，另一方面是对各投标单位进行客观、有效的评价。对于评标原则的支持，可节约社会成本，有利于我国企业不断提升自身的业务水平，提升整个建筑市场的服务平台，也有利于我国建筑市场的良性发展。招投标体系的不断发展和日益完善，为我国与国际建筑市场接轨奠定了坚实的基础。

（一）评标的一般性原则

1.公开、公平、公正原则

招标人在编制招标文件时，必须坚持公开、公平、公正的原则。招标文件不能要求特定的生产服务对象以及存在倾向性条款，招标人应严格按照法律法规的有关条款，坚持“公开、公平、公正”的原则，为每一个投标人提供一个平等竞争的良好环境。

2.客观原则

评标委员会必须严格按照招标文件中所确定的评标原则与方法，认真审阅投标文件并进行比较，对于有标底的应该参照标底。对投标文件的评审应以招标人提供的招标文件为依据，而不依靠招标投标文件以外的其他因素。

3.择优定标原则

“择优”是评标原则的核心，也是进行建设工程招投标的目的。“择优”主要体现在对投标文件评标标准及评标条件的设置上，要有区分度，可以通过这些标准及因素确定关键因素的先后顺序，通过评审对中标结果进行排序，对于排序靠前者优先推荐为中标候选人。

（二）评标特殊性原则

1.投标的价格合理原则

评标专家在评标过程中，主要通过考察投标企业的管理能力、技术水平、施工组织能力、施工机械等综合性指标来选择那些资信好且综合实力强的企业，这样既可以节约投资，又可以提高投资效益。只有坚持投标报价的合理性原则，才有利于实现招投标双方的利益，还有利于促进企业不断提高自身施工及管理水平，采用新工艺、新技术来提高自身综合实力，形成招投标双方共赢的局面。

2.不得低于成本价原则

某个投标人的投标报价低于所有投标报价平均值某一范围时，评标专家会进行合理性质询，投标人需提供证明材料，如果大部分评标专家认为其是可行、合理的，就认为这个投标报价不低于个别成本。

3.质量合格原则

在施工过程中，工程质量是其最重要的考察标准，工程质量的优劣直接影响建设工程的成败。所以，评标专家必须严格评审投标文件，看其是否满足相关验收规范及规定。

4.良好社会信誉及施工业绩原则

评标专家应该仔细评审投标人所提供的品牌影响力、社会信誉、施工水平及工程业绩等，尤其是低价中标的项目，更要加强对该环节的审核。

5.完善的项目保障措施原则

招标方应该制定一套完整的奖惩机制及保障措施来约束投标企业，使项目顺利实施，防止低价中标、高价索赔的情况发生。

第三节　建筑工程定标

一、建筑工程定标的原则

定标是招标人最后决定中标人的行为，《中华人民共和国招标投标法》第四十一条规定，中标人的投标应当符合下列条件之一：能够最大限度地满足招标文件中规定的各项综合评价标准；能够满足招标文件的实质性要求，并且经评审的投标价格最低，但是投标价格低于成本的除外。

二、建筑工程定标的流程

（一）招标人确定中标人

招标人可以授权评标委员会直接确定中标人，招标人也可以根据评标委员会推荐的中标候选人确定中标。一般而言，应选择排名第一的候选人为中标人，若排名第一的中标候选人因自身原因放弃中标或因不可抗力不能履行合同或未按招标文件的要求提交履约保证金（或履约保函）而不能与招标人签订合同的，招标人可以确定排名第二的中标候选人为中标人。

（二）招标人发出中标通知书

确定中标人后，招标人应当向中标人发出中标通知书，同时将中标结果通知其他未中标的投标人。中标通知书其实相当于招标人对中标的投标人所作的承诺，对招标人和中标人具有法律效力，中标后招标人改变中标结果的，或者中标人放弃中标项目，应当依法承担法律责任。

（三）招标人提交招投标情况书面报告

招标人确定中标人后 15 日内，应向有关行政监管部门提交招标投标情况的书面报告。

建设主管部门自收到招标人提交的招标投标情况的书面报告之日起 5 日内未通知招标人在招标投标活动中有违法行为的，招标人方可向中标人发出中标通知书。

（四）订立合同

招标人和中标人应当在中标通知书发出后的 30 日内，按照招标文件和中标人的投标文件订立书面合同，招标人和中标人不得再行订立背离合同实质性内容的其他协议。这项规定是要用法定的形式肯定招标的成果，或者说招标人、投标人双方都必须尊重竞争的结果，不得任意改变。

（五）中标人提交履约保证金

招标文件要求中标人提交履约保证金的，中标人应当提交，这是采用法律形式促使中标人履行合同义务的一项特定的经济措施，也是保护招标人利益的一项保证措施。

（六）中标人完成合同约定的义务

中标人应当按照合同约定履行义务，完成中标项目，中标人不得向他人转让中标项目，也不得将中标项目肢解后分别向他人转让，中标人按照合同约定或者经招标人同意，可将中标项目的部分非主体、非关键性工作分包给他人完成，但不得再次分包，分包项目由中标人向招标人负责，接受分包的人承担连带责任。这项规定表明，分包是允许的，但是有严格的条件和明确的责任，有分包行为的中标人应当注意，不能违反这些规定。

第九章　建筑工程招投标规范化管理

第一节　我国建筑工程招投标现状

建筑工程项目开展招投标工作的根本目的是有效净化市场，避免由于监管不当而出现各种私下违法交易的行为，确保我国建筑行业健康发展。而招投标工程项目的开展需要采取相应的科学手段，同时还要进行有效监管，不断完善整个招投标市场的管理机制，在保障工程质量的前提下确保经济利益最大化，保证市场竞争科学、合理，不断推进整个建筑市场稳步发展。

一、审查时不严格

某些工程施工单位直接通过购买工程资质等级资格证书，或是间接借用、盗用别人的工程资质证书来参与项目投标。业主在进行投标选择时，如果没有调查情况清楚其企业信誉、技术水平、管理服务能力、机械设备等相关情况，投标人就可能利用这些技术漏洞来进行二次投标。建筑工程单位投放的标书的编制质量直接代表着一个施工单位的企业形象，从表面上来看，一些单位投放的标书是合理合规的，符合国家招标许可文件的要求，可实质上这些单位却不具备相应的项目管理能力和施工能力。

二、评标、定标方法不科学

在我国建筑工程的招投标过程中，评标和定价是两个重要环节，为了使建筑工程的招投标公正、有序地进行，必须做好评标和定价工作。必须尽早制定一套准确、易操作的工程标准，推行一套公平、合理的工程评估标准，确定招标价格。但在评标过程中，有的人员往往带有个体主观性，缺乏公正性和公开性，评标、定标方法不科学，这会对理想的资格承包商造成不利影响，使与招标相关的工作无法顺利进行。

三、活动监管机制缺失

近年来，我国建筑工程招投标活动的规模逐渐扩大，并在举办建筑工程招投标活动的过程中召开了相关会议。在这一大背景下，如果管理人员的观念还停留在传统管理理念层面，必然会引起大量的社会问题。特别是目前的建筑工程招投标管理中，政府对监管活动的投入仍比较少。招投标活动监管机制缺失主要体现在以下几个方面。

第一，工程招投标管理部门的人员缺位、监管力量不足，导致招投标监管难以到位。第二，行政主管部门在行使权力的过程中缺乏对所辖部门的监督，特别是少数基层行政主管部门，往往把监督管理的重点放在工程质量上，在对工程招标投标制度进行监督时重视程度不够，重权力、轻制约，重业务、轻反腐。第三，监察部门监督乏力。监察机关参与工程招标投标活动的人员，大都是临时指派，很难掌握招投标的全过程，加之一些关键环节不是由其直接监控，幕后因素又难以掌握，因此监察机关的监督往往存在虚化现象。而司法监督、社会监督难以介入，无法发挥作用。第四，重场内管理、轻后续监督，存在对事后的合同签订、设计变更、追加工程量、竣工决算等后续情况监管不到位的问题。由于招投标后续监管上的缺位，使得一些本可以通过后续检查发现的问题，不能被及时发现和纠正。

四、存在不合理压价行为

大多数建筑企业为了获取足够的工程建设项目，从而不顾自身存在的问题，过于强调节省工程成本，进而人为地缩短建筑工程的建设周期，压低建筑工程的整体造价。当这些企业以低成本获得建筑工程项目后，由于其成本投入较低，从而使得工程项目管理滞后，易出现建设资金控制不到位的情况，进而造成企业越做越亏，甚至出现中途因资金缺乏等问题而变更建设单位的情况，对建筑工程的施工周期产生严重影响，同时也使招投标失去了其应有的作用。

五、缺乏完善的招投标运作机制

在我国，很多建筑工程单位缺少法律专业及合同相关专业的人才，有些参与建筑工程项目招标管理的工作人员，并没有充分了解具体的招标工作，所以在制定评标的具体规则时，就会出现标底不准确、考虑不周全的问题。除此之外，在开展建筑工程招投标工作的过程中，还会出现有损招投标公正性的行为，比如泄露标底、串标等，不利于招投标工作顺利进行。还有一些建筑工程施工单位为了能够中标，恶意投标或压低报价，这样就会使其编制的投标文件出现很多问题。

我国招投标运作机制存在的问题主要体现在以下几个方面。

（一）现有法规体系存在弹性空间

目前，建设工程招投标依据的法规主要是《中华人民共和国招标投标法》《中华人民共和国建筑法》和地方性法规（以下简称“招投标法规”）。这些法规的规定虽然已经涵盖了招标投标过程的各个方面，但是过于笼统。例如，所有法规都明确要对围标、串标严厉打击，但在具体实践中却很难认定围标、串标行为，导致围标、串标行为愈演愈烈。

目前，招投标竞争非常激烈，竞争对手得分（用综合评审法打分）差距非常小，法规提供的微小弹性空间会直接影响评标结果。《中华人民共和国招投标法》作为指导我国招投标活动的法律，应当给各方主体留有追求效益的空间，但作为政府投资工程，应有更严厉的规章制度，确保招标工作公平、公正，最大限度地减少弹性空间。

（二）体制现状提供“操作”可能

现阶段我国的建设体制基本上还是条、块分割，各个法人单位对项目业主负责，并按行政隶属关系接受其上级主管部门监督。为了提高各项目法人单位的专业素养，在招投标阶段引入了招标代理制，施工阶段聘请社会监理人员，并强制性地接受政府监督。近几年又流行“代建制”。从实践来看，建设市场存在的问题大部分都是源于招投标阶段，招标代理制引入，并没有使建筑工程招投标过程更公平、公正。

现有管理体制下，项目法人都不是本质意义上的法人，它是各级政府（公共财政）的委托代理人，他们有法律上提供的弹性空间，在执行“公务”（选择招标代理、资格审查、评标、定标）时，仅有道德的约束，来指导他们为所服务的机构决策。经济学上有一个理性人的假设，当他们能以极小的风险获得较大回报时，道德约束力就显得很脆弱。实践中存在“领导不干预，经办人员干预；项目业主不干预，招标代理人干预”的情况。

（三）建筑产品特性便于充当“操作”载体

从理论上说，建筑工程作为期货商品，商品品质的预期性特点会引起商品需求者（招标人）对商品品质的不确定性的担忧，因而商品需求者（招标人）更关注商品生产者（投标人）的资信、业绩及可信度。现实中，在项目法人主体层层代理的情况下，建筑商品这种特性给代理人“寻租”提供了很好的借口。一般性建筑产品（主要指变更设计）虽然技术含量不高，但由于一个承包合同清单项目众多，工程实施及结算具有一定的伸缩度，且工程成本控制及账务处理也具有一定的弹性，存在着“黑色利润”空间，这个“黑色利润”空间为工程项目招投标“暗箱操作”提供了物质基础，从而使建筑市场在宏观上形成过度竞争的局面，而在微观上商品需求者（招标人）又有排斥竞争的内在动力。国内和国外的公共工程建设都存在这种倾向。

（四）诚信经营社会基础尚显薄弱

在我国，虽然社会主义市场经济已在整个社会生活中占主导地位，但由于长期计划经济的作用以及传统文化的影响，诚信经营社会基础尚显薄弱。现实中，由于建筑产品招投标的某些内容及过程需要保密，客观上造成了不便于社会监督的问题，降低了投标人因为虚假信息导致投标失败的风险。另外，在我国，一个企业在某一个项目中投标失败，并不会像在西方发达国家那样遭到市场驱逐，所以投标人提供虚假信息参与投标的现象愈演愈烈。依托有形建筑市场，利用现有信息技术完全可以准确、全面地审核投标人的信息，但全国统一信息平台整合工作滞后，也给“暗箱操作”者提供了机会。

（五）交易各方主体尚未成为实质上独立运作的市场主体

上文已提到，项目业主仅是法律意义上的主体，实质上仅是各级政府的代理人。项目业主的价值取向及掌握的权力，决定了招标代理人不能纯粹从公平与效率的角度进行招标运作，否则招标代理有可能失去市场。在这种体制约束下，从某种意义上来说，招标代理人仅是按照业主的意愿帮助业主完成符合法规程序的招投标运作，使业主内定的中标人中标合法化。

建筑市场交易各方中重要的主体承包商，在我国就更具特殊性。目前，在建筑市场中存在一些个体（包工头）以法人名义参加工程招投标。建筑行业作为完全竞争性行业，行业门槛并不高，但进入该行业有政策壁垒。由于历史原因，我国施工企业尤其是有高等级资质的施工企业，仍是国有和集体占主导地位的企业。目前，国有（集体）企业管理者面对现有市场竞争态势，必然作出有利于自身生存的理性选择——选择风险较小的经营思路。

企业自主投标投入大，且有许多公关费用，若多标未中，经营者自身就会损失许多公关费用，这会令企业陷入困境；反之，通过投标代理人，企业开具介绍信就有一笔收入，中标后还能收取管理费用，将投标风险转移给“挂靠者”。这样，企业管理者不仅不用承担个人风险，甚至还可以有隐性收入。

对“挂靠者”而言，他们不一定具有能力（包括人力、物力）维持一家企业运作，即使有能力，他们也较难在起步阶段就创办一家高等级资质的施工企业；另外，即使他们创办了一家高等级施工企业，维持企业运转所需的管理费用，也会令他们承担很大的风险。正是这种思维定式，造成了现在建筑市场中挂靠盛行，甚至出现专以投标牟利的个体。

（六）评标专家委员会未能发挥既定作用

《中华人民共和国招标投标法》的颁布从法律上明确了招投标活动中评标专家委员会的地位，减少了项目业主对项目定标的直接行政影响，理论上体现了项目评标的民主化、科学化。然而，在实际运作中评标委员会并没有很好发挥其预定作用。具体原因如下。

第一，按照《中华人民共和国招投标法》对评标专家资格的界定，只有在大、中城市方才有条件建立具有一定容量的评标专家库，因此符合条件的评标专家在数量上显得不足。

第二，评标专家从社会各行各业产生，评标专家的思想道德素质及专业素养较难把握，特别在库容不足的情况下，合乎法律规定的专家基本都会入库，导致专家质量参差不齐。

第三，社会化选拔评标专家的方式，对专家仅有法律的约束，行政上对其约束不力。但由于工作的特殊性，即使触犯法律，取证也较为困难，法律约束力也不够。对评标质量而言，主要依靠评标专家对自身的道德约束，道德约束对环境的依赖性很强，在目前复杂的环境下，道德约束往往显得苍白。

第四，现在招标项目众多，项目规模、专业差异很大。对大部分项目而言，代理机构会从压缩招标成本的角度考虑，评标时间仅仅几个小时，在这么短时间内要求评标专家拿出高质量评标成果不太现实。

（七）评标办法设置不合理，评标存在人为因素

评标工作是招标投标过程中的关键工作，评标办法是招标文件中的重要内容，招投标工作是否公开、公平、公正，关键要看评标工作和制订的评标办法是否客观、公正、科学。目前，评标办法不够科学合理，主要表现在经济标评标设置上，在定额计价模式向工程量清单计价模式过渡时期，很多地区推出最高限价或拦标价等招标办法，各投标单位为了使经济标得高分，都使报价靠近招标文件规定的最大下浮比例，使得经济标拉不开距离。另外，在技术标评标过程中，评委打“人情分”现象时有发生，造成评标存在人为因素，没有充分体现公正、公平的原则。

（八）工程招投标“黑白合同”盛行

所谓“黑白合同”，实质上就是招标完成后中标人并不按照招标文件中的合同条款签订合同。例如，在招标时要求签订合同前以现金方式提交履约保证金，但招标完成后，实际签订合同时又以种种理由改为以履约保函形式提交履约保证金；在招标时提出苛刻的工期要求，在签订合同时又更改工期；在招标

时对承包人违约提出诸多严厉的处罚条款，在合同履行时又从不执行。

“黑白合同”违反了相关法律法规的有关规定，不利于社会公平，最终也损害了建设方的利益。这个问题不仅相当普遍，而且难以查处。要加强对建设单位行为的规范和监督，严肃查处签订“黑白合同”等违法行为。要充分认识“黑白合同”的严重危害性，下决心解决这个问题。政府在投资建设项目时要带头遵守法律，同时要改革政府投资工程管理方式，按照“建管分离、用建分离”和专业化管理原则，逐步建立权责明确、制约有效、科学规范的建设管理体制及运行机制。

此外，在工程建设项目招投标中，诸如主管部门及建设单位对施工企业资格审查控制不严、地区和部门垄断、行政严重干预、投标定标过程控制不严、权钱交易、完整项目被切割、随意更改评标办法、有意压缩编制标书期限、标底缺乏合理性等现象还大范围存在，导致建筑工程招投标活动出现了一系列“暗箱操作”。各地监管部门虽然针对这些问题制定了很多规范性文件予以纠正，但效果往往不佳。

第二节　招投标的不规范现象

当前，招标投标已成为推进现代市场体系建设的重要手段，在打破行业垄断和地区封锁，提高经济效益，预防和减少腐败等方面，发挥了重要作用。然而，我国建筑工程招投标中规范化操作的程度还远远不够，招标过程中围标、串标等问题日趋严重，直接影响了招标投标事业的健康发展，妨碍了统一开放、公平竞争的市场秩序的形成。

一、招标的不规范现象

（一）尽可能规避招标，从而将工程直接发包

为了维护公共利益，《中华人民共和国招标投标法》规定，在中华人民共和国境内进行下列工程建设项目（包括项目的勘察、设计、施工、监理以及与工程建设有关的重要设备、材料等的采购）必须进行招标：大型基础设施、公用事业等关系社会公共利益、公众安全的项目；全部或者部分使用国有资金投资或者国家融资的项目；使用国际组织或者外国政府贷款、援助资金的项目。任何单位和个人不得将依法必须进行招标的项目化整为零或者以其他任何方式规避招标。但在各地区、各部门的具体规定中，对涉及国家安全和国家秘密的、抢险救灾的等特殊情形，又可以报经有关管理部门批准，不进行招标。

为了规避招标，招标人普遍以重点工程、工期紧、技术复杂、情况特殊或抢险防灾等为借口，将本应招标的工程申请免于招标；一些招标人千方百计挂保密工程的招牌，即使所涉保密部分仅仅是工程中的某个部位或某些设备安装，其投资不到工程总投资的几十分之一或几百分之一，也把整个工程申请为保密工程而直接发包；还有一些招标人通过肢解工程规避招标，将依法必须招标的工程项目化整为零或分阶段实施，使之达不到法定的招标工程规模标准，以达到直接发包逃避招投标的目的；甚至有些招标人瞒报项目预算，委托施工后又追加投资，或是只对项目的部分工程如主体工程进行招标，配套附属工程则直接发包。

（二）若无法规避招标，尽可能采用邀请招标

招投标是一种有序的市场竞争交易方式。根据竞争开放程度，招标方式可以分为公开招标和邀请招标。招标人采用邀请招标方式的，招标人应当向三家以上具备承担施工招标项目能力、资信良好的特定法人或者其他组织发出投标

邀请书。

根据有关规定，国家重点建设项目和各省、自治区、直辖市人民政府确定的地方重点建设项目，以及全部使用国有资金投资或者国有资金投资占控股或者主导地位的工程建设项目必须进行公开招标；但在上述项目中，有下列情形之一的，经批准可以进行邀请招标：项目技术复杂或有特殊要求，只有少量几家潜在投标人可供选择的；受自然地域环境限制的；涉及国家安全、国家秘密或者抢险救灾，适宜招标但不宜公开招标的；拟公开招标的费用与项目的价值相比，不值得的；法律、法规规定不宜公开招标的。

采用邀请招标方式的，招标人可以在广阔的建筑市场上自主选择投标单位，工程招投标完全成为买方市场。招标人的自主权利很大，完全有条件搞“明招暗定”，也就是先指定一家施工单位或一个包工头，再由其组织围标。事实也是如此，绝大部分邀请招标项目都是“明招暗定”。所以招标人如果不能以重点工程、工期紧、技术复杂、情况特殊或抢险防灾等为借口，争取免标，都尽量会争取邀请招标的形式。

（三）两次公开招标失败，从而采用邀请招标或者免于招标

公开招标失败是指出现下列情形之一：①通过资格审查的公开招标的投标人不足五人，邀请招标的投标人不足三人；②经评议有效投标的投标人少于三人；③经查实，招标投标过程中有不公正行为，影响招标结果，经项目审批部门会同行业主管部门裁定招标投标结果无效。根据有关规定，两次公开招标失败的项目经批准可以采用邀请招标或者免于招标的方式确定施工单位。

为达到邀请招标或者免于招标的目的，一些招标人采用提高投标门槛、提出苛刻的合同条件、限制潜在投标人投标报名、在资格审查、评标环节吹毛求疵，故意造成招标失败。当公开招标失败两次时，即向有关部门申请采用邀请招标或者免于招标的方式确定施工单位。

（四）肢解工程以便于某些单位围标、串标

为了让“意中人”中标，一些招标人以追求精品工程、委托专业化施工队伍施工等为由，肢解工程，分别招标。因要求具备相应的专业资质，市场上的潜在投标人也少了，单个招标项目的金额变小了，感兴趣的潜在投标人的数目也少了，更便于内定单位围标、中标。例如，某市政道路工程造价约 3 000 万元，完全可以通过市政总承包的方式一次性完成招标工作，但在具体招标过程中竟被分为市政道路给排水、电缆沟、通信管沟、路灯、交通设施、绿化等六个项目分别进行公开招标。

（五）招标过程中对投标人差别对待

一些招标人利用制定招标公告和招标文件的机会，根据暗中确定的投标人的条件量身制定排他性条款，排斥潜在投标人；故意不使用招标文件范本，自行设定一些解释不清的条款，使事先没有与招标人“沟通”的其他投标人落入失误的圈套而失去竞争力；一些招标人利用资格预审的权力，将资格预审异化为简单的“业主推荐”，或通过其他不正当手段使不法投标人通过资格预审；一些招标人通过评标委员会的业主代表，在评定时，故意给暗中确定的投标人打高分，给其他投标人打低分。

（六）领导干部行政干预，招标流于形式

个别地方政府的领导干部独断专行，无视国家法律法规，严重违反《中华人民共和国招标投标法》，以自己是地方政府领导为理由，在招投标工作中违反操作程序，一手包揽整个工程，混淆招标主体。施工单位就到处找关系，谁的“关系硬”，谁中标的机会就越大，由此产生一系列的“权力标”“关系标”。招标也只是流于形式，走过场。

（七）社会法律意识不强，违反基本建设程序

随着《中华人民共和国招标投标法》的颁布实施，以及一些招投标管理规定陆续出台，全社会对招投标工作有了更多的认识，但建设单位由于受到“利益驱动”或“创工作政绩”需要的影响，在一定程度上忽视了法律约束，造成招投标行为不规范，这种现象比较严重。建设单位的问题集中反映在选择施工队伍、确定招标方式、过分要求缩短工期以及招标领导小组主导招标工作等问题上。近年来，为了满足一些建设工程急于开工的要求，建设单位在施工图没有出齐的情况下，提前招标确定承包商进场施工，特别是一些急事快办工程采用了方案招标方式，这种招标方式虽然提前了工程竣工时间，但违反了基本建设程序，遗留了许多问题，比如工程造价难以控制、竣工决算纠纷较多等。

二、投标的不规范现象

（一）“围标”与“陪标”现象严重

围标现象最明显的表现就是，各投标单位的报价均接近招标人给定的投标最高限价，导致无论按任何评标办法进行评标，中标价均居高不下。围标是不成熟建筑市场所产生的一种腐败行为，其严重违反了招投标公平、公正、择优的原则，违背了招投标的根本目的，扰乱了建筑市场的秩序，使得业主方遭受不必要的损失，个别围标人中饱私囊。“围标”现象主要体现在两点：一是围标人联合多个承包商哄抬行业价格，提高报价，进行合谋围标；二是承包商挂靠多家施工企业进行围标。

在招投标过程中，一些没有资质的个人或资质较低的单位为了提高中标机会设法挂靠多家资质较高的施工企业参与投标，并做几份不同或雷同的投标书，以各个施工企业的名义进行投标，承揽工程任务。对于一个标的，表面上投标主体是不同的施工企业，各份投标书的内容和形式也不同，但真正的投标

者都是同一个企业。一些竞争力不强或亏损企业迫于生计，难以退出建筑市场，故在一定的利益驱动下会选择陪标，以期获得一定利润来支撑企业生存。

目前，法律法规允许招标人在合格申请人数量过多时，采用随机抽签，甚至评分排名的方法选择规定数量的合格申请人参与投标，客观上给一些招标人、投标人制造了围标、串标的有利机会。笔者建议不限制投标人的数量，以打击围标、串标行为。

例如，某项目采用资格预审招标，规定在合格申请人数量过多时，采用随机抽签的方法选择规定数量的合格申请人参与投标，最终仅有 6 家单位参与投标，他们结成攻守同盟，哄抬报价，最高限价几经调整仍迟迟不能开标，最终招标失败；重新招标改用资格后审，合格申请人均可参与投标，有 10 家单位参与投标，结果所有报价均低于原定最高限价，最终中标价比原定最高限价降低了 20%，招标成功。

（二）中标之后非法转包、分包

有的企业通过正常程序中标后，将中标项目直接转包或违法分包给其他单位，从中收取管理费；还有一些资质不够、没有施工经验、不具备施工能力的企业通过各种关系中标，承揽工程后再私自转包、分包给其他企业，从中获利；有些企业采取挂靠高资质企业的手段，由高资质企业参与竞争，承接工程，再由挂靠企业进行施工；甚至还有的挂靠企业仍不愿直接组织施工，再将工程转包给施工队伍或个体老板，自己再从中抽取管理费，这样层层克扣，若要保证工程质量就无利可图，在这样的情况下，势必影响工程质量。

（三）中标之后不履行投标承诺

在某些投标单位看来，招标单位的招标工作在某种程度上就是一种无实质性内容的“游戏”，一旦“游戏”结束（即确定中标单位），“游戏”规则则被搁置一边，招标文件的要求、投标文件上承诺的施工人员的组织结构、施工机械的配置、施工进度的保证和文明施工的约定都成了一纸空文，施工单位按照最经济、理想的方式进行施工。

第三节 建筑工程招投标规范化管理措施

《中华人民共和国招投标法》实施多年来，我国的招标投标工作已经取得了长足进步。第一，招投标法律法规体系基本形成，《中华人民共和国招投标法》实施后，各种配套法规逐步完备，招投标活动的主要方面和重点环节基本实现了有法可依；第二，建立了符合国情的监管体制，明确了招标投标行政监督职责分工；第三，招投标市场迅速发展，应招标项目的招标率在90%以上，招标投标领域不断扩大；第四，采购质量和资金使用效率明显提高；第五，企业竞争能力不断增强。

一、推行资格后审，完善投标资格审查制度

所谓资格后审，就是指在开标后对投标人的资格，按照招标文件规定的条件和标准进行审查。在开标前将投标人身份、数量及其各种信息进行保密处理，从而切断串标的信息及其传递，制止串标行为的发生。

（一）推行资格后审的背景

资格后审在建设工程招投标中有明确的法律地位，但过去一直以资格预审为主要审查方式，较少采用资格后审方式。资格预审可以事先将不合格的投标人排除，有利于业主选择各方面表现良好的投标人。但由于资格预审将投标人的信息完全公开，很容易引发投标人的挂靠和串标行为，这也是资格预审最大的弊病。

过去几年里，我国招投标市场串标现象十分严重，经过调查取证、处理多起串标案件后，有些地方开始试行资格后审，试图采用这种方式预防串标行为。

例如，2007 年 3 月，浙江省瑞安市查处了瑞祥新区院士路一期工程串标问题。该工程共有 77 家单位报名，确定 17 家符合条件的单位，通过随机抽取产生 12 家投标人。其中，有 9 家单位按时递交标书，3 家未递交。在技术标评审时，又有 3 家技术标不合格，只有 6 家单位进入经济标评审环节，最后温州某建设集团有限公司中标，中标价 2 120.295 8 万元，中标下浮率 15.6%。此工程招投标过程看似一切正常，但实际情况却是全部投标人进行串标，每家分得好处费 15 万元。

通过对这例案件的调查，可以发现挂靠、串标现象已经不是个例，很多工程项目都或多或少地存在私下沟通的现象。就这个案件来说，报名的有 77 家，经过资格预审，在合格的投标人中随机抽取 12 家，再让他们参加投标报价，看似很公平，其实不然。77 家单位中有很多是挂靠来的，为的是提高进入报价阶段的概率。而进入的 12 家，经过资格预审这一环节后，名单全部公开，给串标者提供了互相接触的机会。要想杜绝串标的发生，必须切断串标的信息链，对潜在投标人的信息进行保密。

串标已经严重阻碍了建筑市场的健康发展，因串标而中标的工程，在施工阶段会暴露出很多弊端。由于串标付出的额外成本需要在工程施工阶段补回，需要招标人来买单，这对招标人的利益是一种侵犯。施工单位会通过多次设计变更等手段达到增加利润的目的，从而带来更多的纠纷及索赔问题，最终受害的还是招标人。要杜绝这种恶劣的不正当竞争行为，必须从多角度予以防范、监管。

（二）资格后审的实施要点和意义

1.资格后审的实施要点

第一，取消投标报名制度，采用无记名方式购买招标文件，使潜在投标人的数量和身份具有不确定性。

第二，采用不集中潜在投标人踏勘现场、答疑等方式，在开标前避免潜在投标人聚集，有效割断串标的信息传递链。

第三，采用资格后审的方式，把投标人的信息推迟到开标后再明朗化，有效湮没投标人身份、数量及其各种信息，消除串标所需的信息和时间。

2.资格后审的意义

从资格预审转变为资格后审，其意义并不仅仅表现在招标程序上的简化，最重要的意义在于使得投标人信息得到高度保密，切断串标的信息传递链，扼杀投标人之间相互串通的行为，制止买标、卖标的发生。

对于具有通用技术、性能标准或招标人对技术、性能没有特殊要求的建设工程项目，均应采用资格后审法。只有少数性质特殊、结构复杂的工程项目才可考虑使用资格预审法。采用资格后审，在绝大部分工程项目中可以有效地遏制串标行为，对促进建设工程交易市场的健康发展以及建立和谐社会起到积极作用。

（三）规范投标资格审查评审工作

无论是资格预审还是资格后审，都应充分体现公开、公平、公正的原则。资格审查条件的设置，应注重企业资质、安全生产许可证、项目负责人及主要管理人员资格、工程业绩等几个方面。依法必须公开招标的建设工程，招标人不得提出高于招标工程实际所需要的资质要求，变相排斥潜在合格的投标人。

应当禁止以不合理条件限制或者排斥潜在投标人参加投标的行为。

二、严格标前审查，规范招标文件编制

（一）严格标前审查

招投标的管理工作不应仅停留在场内交易层面，还要坚持标前审查和标后跟踪监督管理，招投标管理部门要提前介入、参与工程各类审查，在坚持工程量清单招标的前提下，严格把控现场踏勘、施工图审查、清单审查、标底审查和最高限价审查等环节，保证招标人的投资效益。

（二）规范招标文件编制

招标文件是招标投标活动中最重要的文件，它是投标人编制投标文件的依据，是评标委员会评标的依据，也是以后招标人与中标人签订合同的基础。建设项目招标，必须严格按照国家有关规定编制合法、完整的招标文件，尽可能地细化每项内容，提前消除潜在的被动因素。特别是施工时需要的设计图纸要齐全，工程量清单要详尽，评标标准和方法要科学，合同的主要条款要标准、规范。

在编制招标文件时，应把握好以下几个方面的内容。

第一，招标人应根据招标项目的特点和需要编制招标文件。招标准备工作要充分，文件的重点内容资料必须齐全。建设项目活动涉及货物、工程、服务等方面，不同的项目各有特点，因此招标文件的编制必须以项目为依托，不符合项目特点和需要的内容不应纳入招标文件。

第二，招标文件的内容要齐全完整。有示范文本的，应使用示范文本，没有示范文本的，招标文件一般应至少包括下列内容：招标人名称和项目名称及其简介，招标项目的数量、规模和主要技术要求，项目的完成期限或者交货、

提供服务的时间，对投标人的资格要求；投标文件编制要求，提交投标文件的方式、地点和截止时间，投标报价要求，评标依据、标准、方法，定标原则和确定废标的主要因素，开标、评标的日程安排，主要合同条款等内容。

第三，文字表述要清楚，语言要规范。招标文件中的字句要仔细推敲，使用规范性术语，避免使用含义模糊或容易产生歧义的词语，同时条款内容要符合法律法规的规定。

第四，评标的标准和方法要科学合理，具备可操作性。采用经评审的最低投标价法的，招标文件中应规定投标报价以及投标文件商务部分必要的价格调整方法。采用综合评估法的，应遵循公平、科学，有利于鼓励投标人之间竞争的原则，合理确定各评价指标和评分标准，并且在招标文件中应当载明。评价指标和评分标准要切合实际，便于操作，不得有明显的倾向性，不得含有妨碍或限制投标人之间竞争、排斥某一潜在投标人的内容。

第五，拟签订合同的主要条款要完备。要有利于投标人了解中标后签订的合同的主要内容，明确双方各自的权利和义务，便于投标人编制投标方案，进行投标报价，也可以在签订正式合同时减少扯皮现象，预防和避免纠纷。

第六，在招标文件编制过程中，应当吸取已有的经验教训，尽量考虑得全面些。招标文件编制完成后要反复阅读，多人把关。

（三）规范工程量清单计价

工程量清单是招标文件的重要组成部分，是投标人全面了解工程的信息载体，是编制标底和投标报价的依据，也是签订工程合同、调整工程量和办理竣工结算的基础。工程量清单对招标人和投标人都具有约束力，也是进行投资控制的前提和基础。工程量清单的编制质量，会直接影响招投标的效果和工程建设的最终结果。

（四）合同计价方式的拟定

如何根据不同工程的特点，确定符合要求的合同计价方式，在清单招投标模式下是十分重要的。一般常见的合同计价方式包括固定价格合同、可调价格合同、成本加酬金合同三种，招标工程采用哪种方式需在招标文件中说明。

1.固定价格合同

固定价格合同是指在约定的风险范围内价款不再调整的合同。这种合同的价款也不是绝对不可调整，而是约定范围内的风险由承包人承担。在招标文件中应说明合同价款包含的风险范围、风险费用的计算方法和承包风险范围以外对合同价款影响的调整方法，在约定的风险范围内合同价款不再调整。工程承包活动中采用的固定总价合同和固定单价合同均属于此类合同。

（1）固定总价合同

固定总价合同是按照投标总报价签订的承包合同。它的特点是以图纸和工程说明书为依据，明确承包内容和计算标准，计算出总报价，一旦中标，则一笔包死，除非业主要求变更原定承包内容或者设计图纸，承包单位一般不得要求变更承包价。

（2）固定单价合同

固定单价合同即不以投标的总报价为合同要求和具体结算依据，招投标双方签订以单价为结算依据的合同条款。进行结算时，清单项目的综合单价不发生任何变化，只根据工程量的变化来调整最后的结算总价。

2.可调价格合同

可调价格合同通常用于工期较长的施工项目的施工合同，如工期在 12 个月以上的合同，发包人和承包人在招投标阶段不可能合理预见到一年以后物价浮动和后续法规变化对合同价款的影响，为了合理分担外界影响因素带来的风险，应采用可调价格合同。在合同中，要说明因外部条件变化对施工成本产生影响时可以调整的合同价款内容及调价的计算方法。

例如，前几年全国钢筋价格大幅上涨，业主在编制合同时就应考虑到这种因素，制定类似于“在保证钢筋质量等级的前提下，钢筋每单位价格在投标报价基础上发生±5%幅度的价格调整，相关清单项目的综合单价不作调整，如果发生±5%幅度以外的市场价格波动，则需要合同双方共同确定钢筋材料的单价，并重新计算相关清单项目的综合单价”的内容。

3.成本加酬金合同

成本加酬金合同是指发包人负担全部工程成本，对承包人完成的工作支付相应酬金的计价方式。这类计价方式通常用于紧急工程施工，如灾后修复工程；或采用新技术、新工艺施工，双方对施工成本均心中无底，为了合理分担风险采用此种方式。采用成本加酬金合同应在招标文件内约定成本构成和酬金的计算方法。

具体工程承包的计价方式不一定是单一的方式，只要明确约定具体工作内容采用的计价方式，也可采用组合计价方式。例如：工期较长的施工合同，主体工程部分采用可调价的单价合同；而某些较简单的施工部位则采用不可调价的固定总价的固定价承包；使用新工艺施工的部位或某项工作，以成本加酬金的方式结算该部分工程款。

三、实施标后跟踪管理，确保合同履行

建设工程招投标工作是工程建设的中间环节，招投标的宗旨是为业主选择信誉良好、技术管理先进的承包商，招投标的失误会对后续的施工工作产生巨大影响。作为招投标的监管部门有必要参与后续的管理工作，对中标企业的行为进行跟踪管理。

（一）合同履约情况调查

对在建工程实行标后检查，应通过现场检查、校对资料、询问了解等方式，对工程合同签订是否规范、是否存在规避招投标等行为、项目部成员到位及其履行职责情况、施工机械到位情况、施工进度、工程质量、工程量变更和工程款支付等方面进行全面检查。

以往检查发现的问题大致如下。

①个别工程未按基本建设程序施工。

②项目经理及项目管理班子不到位。有的施工单位未经业主同意和相关部门备案，擅自变更投标文件中承诺的项目经理及项目管理班子；有的施工单位没有切实履行标书承诺，存在项目经理及项目管理班子到位率不高的问题。

③工程监理不到位。某工程管理有限公司监理的北工业区某道路、桥梁工程，其总监长期不到位，只由监理员现场负责，同时发现该公司违反隐蔽工程报验程序，存在虚造“隐蔽工程检查验收记录表”的问题。有的监理单位擅自变更监理部门班子，项目总监实际到位率偏低。

④施工机械设备不到位。现场检查时发现多个工程项目部存在不同程度的机械设备不到位现象，违反了其投标文件承诺。

⑤个别工程存在挂靠现象。

⑥存在工期拖延现象。

（二）标后管理措施

针对出现的问题，招投标监督管理部门应将工程项目的建设过程视为项目交易过程中的重要组成部分，强化监管力度，对工程项目招标投标的监督管理既统一监管，又与项目建设管理相结合。针对中标后出现的施工企业项目经理不在位或随意更换、设计图纸随意变更、业主拖欠工程款和竣工验收敷衍了事等实际状况，对症下药，完善监管制度。在具体工作中做到既能为业主提供针对监理人员、项目经理及工程项目部人员的管理依据和常规要求，又能积极配合质量监督、安全监督等部门开展工作。

1.严把项目部人员在位及其尽责关

招标后，合同实施期间，会出现很多包工头。个别工程建设指挥部特别是乡镇一级的工程，因工程建设项目法人责任意识淡薄，村干部参加转包、挂靠工程的现象较为普遍，增加了工程合同的管理难度，甚至以终止合同的方式解决问题。笔者认为，目前判定合同是否发生转包和挂靠行为的标准只有一个，就是代表施工单位履行合同的项目部人员是否到位。

首先，招投标监管部门有必要依据有关法律法规编印施工企业保证建筑工程的质量和安全方面的宣传资料，督促施工企业实现其投标承诺，指导业主解决管理谁、怎么管的问题。例如，施工企业项目经理的作用、项目部的人员构成和成员的职责、如何考核必须在岗在位的项目经理和项目技术负责人及其尽职情况；特殊情况下确需更换项目经理的规定、程序和要求。其次，向业主提供项目部人员考勤登记簿、施工工序管理记录簿等有关簿册，便于记录和检查。最后，指导业主坚持项目经理押证原则；帮助业主有效识别更换项目经理的真实意图，拒绝不法企业随意更换项目经理；积极配合招标、建设等监管部门建立施工企业信息考核机制。

2.严把图纸变更设计关

合同签订后，任何单位和个人不得随意变更工程设计，增减工程量。在施工过程中，工程确需变更设计的，由提出变更单位说明理由，经建设、监理、施工和设计四家单位共同确认签章。因设计变更需要增加工程量，增加值在中标价10%以内的，必须报当地招投标监管部门备案；超过中标价10%的，要在当地招投标监管部门的监督下，办理直接发包手续。所有与主体工程配套的附属工程项目，必须按有关规定，在当地招投标监管部门的监督下，办理承发包手续，30万元以上的工程项目必须实行招标采购，任何单位和个人不得私下进行承发包。

3.严把付款关

工程款要严格按照合同条款和实际施工进度进行支付，严格履行相关手续。工程监理人员必须按照施工工序，在施工单位自检的基础上，对分项、分部工程进行核查并验收签证，未经监理人员核验签证的，施工单位不得进行下道工序的施工，建设单位不拨付工程进度款。付款前，业主应检查相关手续；严禁超前付款或无故拖欠付款；业主根据工程合同付款要求，建立付款档案，每次付款情况必须填入付款档案，并及时公示，接受招投标管理部门和社会的监督。

4.严把竣工验收关

工程竣工后，业主要及时组织勘察、设计、监理、施工等相关部门进行验收，质量监督机构参与验收过程监督。交付竣工验收的建筑工程必须符合规定的建筑工程质量标准，有完整的工程技术经济资料和经签署的工程保修书，并具备国家规定的其他竣工条件。业主应根据招投标监管部门宣传的内容，按规定程序，组织验收组对各个环节进行验收、签字，并做好相关意见记录。验收合格后 15 日内，建设单位必须将验收报告报招投标监管部门备案，招投标监管机构应有专人审查签字以示负责，竣工工程经验收合格后，方可交付使用。

四、加强对招投标代理机构的管理

（一）招投标代理机构的现状

目前，我国建筑工程的招投标工作大多是通过招投标代理机构来完成的。招投标代理已成为市场普遍现象，招投标代理机构的业务操作足以影响整个招投标市场的运行。招投标代理机构作为建筑市场的第三方中介机构，应依据公开、公正、公平和诚实信用的原则开展工作，但实际工作中，招投标代理机构的业务操作还存在不少问题。业务人员操作水平、单位管理能力、职业道德操守都有待提高。

1.招投标代理机构代理行为不规范

招投标代理机构受雇主委托，收取报酬，要实现雇主的意图，因此有的招投标代理机构会过分迎合雇主意愿，如暗中为雇主规避招标、肢解发包工程等违法、违规行为出谋划策，或者无原则地迁就雇主的不正当要求。招投标代理服务收费普遍较低，按照国家规定，招投标代理收费可以在国家标准上下浮动20%，但是实收费用平均为国家收费标准的60%，甚至个别企业为承揽该项目中的其他项目管理业务，以“零收费”方式抢占招投标代理市场。少数招投标代理单位与投标人互相勾结，参与围标、串标，损害招标人的利益。

2.从业人员综合素质和业务能力有待提高

目前，招投标代理从业人员水平参差不齐，部分人员没有经过培训和学习，不具备从事工程招投标代理工作的综合素质。部分从业人员自身业务水平有限，可能会因为工作失误导致招投标工作失败，给招标人和投标人带来损失。

3.存在超资质范围承接代理业务和挂靠现象

目前，市场上部分招投标代理机构存在超越资质证书范围从事代理活动的现象，有的乙级和暂定级资质代理机构超越法规规定的范围承接招标任务；有的出借、出卖、转让资格证书、图章或允许他人以挂靠方式承揽业务，放松管理，扰乱市场。

（二）招投标代理机构的自身建设

招投标咨询行业是以咨询服务为产品的知识产业，如果其提供的咨询服务仅仅局限于招标文件的编制、招标过程的组织，而对项目管理、项目实施一无所知，甚至只按雇主提供的技术需求简单地套用招投标文件范本，这样的招投标代理机构很难在市场上有所作为。工程招投标是一项复杂的系统化工作，有完整的程序，环节多、专业性强，组织工作复杂。工程招投标代理机构是一个具有法人资格以服务和盈利为目的的中介性企业组织，应具备智能性、先进性、专业性的服务特征。因此，招投标代理机构要加强内部技术管理力量的建设，增强自身素质，提高自己的技术水平，发挥自身优势，以技术取胜，以服务水平取胜。

首先，招投标代理机构必须吸纳工程建设专业领域里的专家级人才（其中包括规划、设计、土建、安装、装饰等），因为招投标代理机构不仅要为招标人代理招标活动，还要为投标人提供工程技术方面的综合咨询服务。其次，招投标代理机构同时还应该是工程造价方面的专家，这样才能在工程建设、工程造价方面为招标人和投标人提供良好的咨询服务。最后，树立法律观念，增强法治意识，从业人员应具备法律方面的专业知识。工程建设的招投标活动要严格遵守《中华人民共和国建筑法》《中华人民共和国招标投标法》《建设工程质量管理条例》等诸多法律法规。如果为了追求经济利益的最大化而一味迁就招标人的无理要求而损害投标人的合法权益，不仅违反了招标活动的公开、公平、公正和诚实信用原则，影响招投标质量，还会损害自己的信誉。

此外，招投标代理机构还应不断扩展业务范围，储备工程管理、造价咨询、机电设备、法律咨询等方面的专业人才，这些人才不仅要有扎实的专业知识，还要有良好的组织协调能力，能对承担的项目负责。只有这样，招投标代理机构才能提供更优质的咨询服务。招投标代理机构向造价咨询、项目管理方面发展，也是一个不错的选择。

（三）招投标代理机构的监督管理

第一，要建立招投标代理职业道德标准及信用评价体系，建立招投标活动当事人自律机制，促进招投标事业健康发展。建立健全各项规章制度，以加强代理机构管理，整合招投标代理队伍，促使其向规范化、法治化方向发展。同时，要加强对招投标代理从业人员的培训，提高其综合协调能力，打造一个复合型的人才高地；要重视从业人员的职业道德水平，提高从业人员的整体素质。

第二，要发挥行业协会的职能，充分发挥桥梁纽带作用，加强政府与企业间的交流与沟通，组织资格管理、从业人员业务及综合素质培训、学术讨论、市场调研等工作，及时了解企业对政府管理、行业发展的意见和建议，并提出对策，为政府部门制定政策提供依据，积极培育招投标代理市场，扩大需求。

一些工程项目的招投标工作是由招投标代理机构完成的，招投标文件通常是招投标代理机构根据雇主的意愿来编制的，因此对招投标代理机构的业务监管显得尤为重要。要加大对招投标代理机构的监管力度，继续完善招投标代理管理办法，严格招投标代理的市场准入。对不符合资格条件的企业和收受中标单位回扣，在招投标过程中弄虚作假、泄露机密、串通投标等有严重违法违规行为的企业，要坚决处理。

五、建立和完善建筑市场诚信体系

（一）建立和完善建筑市场诚信体系的重要性

工程招投标中存在弄虚作假、暗箱操作、串标、围标、低价抢标、材料以次充好，以及施工中的偷工减料等各种现象，暴露了建筑行业诚信秩序混乱，企业信用缺失，政府监管无力的弊端。建立和完善建筑市场信用体系是健全社会信用体系的重要组成部分，是整顿和规范建筑市场秩序的重要举措，也是建筑业改革和发展的重要保证。

（二）建立和完善建筑市场诚信体系的主要措施

1.企业要有良好的诚信意识

在企业内部培养诚实的企业精神，培育新的信用文化，使诚信意识渗透到每一位员工的思想中。企业应在日常经营活动中注意培养和提高自己的信用等级。当然，信用建设是一个长期的过程，在其初级阶段，企业需要投入，而这种投入在信用建立起来之前是很少能获得收益的。例如，为履行合同约定，企业就要按照标书规定，保证施工及试验检测设备配置齐全；为获得良好的工程业绩，企业就要真正建立完善的施工自检体系，积极处理自检出的质量问题，主动消除工程质量隐患。企业之间或企业与其他市场主体之间要建立起相互信赖的关系，减少和消除因各自信息不对称带来的拖欠资金和利益分配不均等问题。各企业坚持诚信、自律、自觉的经营行为，企业的诚信体系建设才会有成效，才能为建立完善的企业信用市场奠定基础。

2.政府提供统一的诚信信息平台

政府要在建立和完善建筑市场监管综合信息系统的基础上，逐步建立可向社会开放的建筑市场诚信信息平台；相关业务监管部门应及时整理对建筑市场主体违法违规行为的日常处罚决定和不良行为记录，并按照各自权限通过监管综合信息系统自行上网记录，形成基础性诚信信息，为诚信评价提供信息保障。诚信信息平台的建设要充分发挥现有建筑市场和工程现场业务监管体系的联动作用，并依托有形建筑市场在人员、技术、业务和硬件等方面的资源优势，注重提高政府对建筑市场主体的服务能力和服务水平，营造诚信得彰、失信必惩的良好市场环境，推进建筑市场诚信建设。

3.要有完善的诚信法规体系

建立建筑市场诚信体系要有法律保障，建设行政主管部门要根据国家有关的诚信法律法规，制定与建筑市场诚信体系相配套的部门规章和规范性文件，使诚信体系的建设和运行制度化、规范化，具体内容包括对诚信信息的采集、整理、应用和发布，对诚信状况的评价，对征信机构的管理，特别是运用失信惩戒机制对存在失信行为的主体进行适当的惩罚等，都有利于加快建筑市场诚信体系的建设。

4.有统一的诚信评价标准和等级

要结合日常建设行政监管和执法工作的需要，对建筑市场各方主体在执行法定建设程序、招投标交易、合同签订履行、业主工程款支付、农民工工资支付、质量安全管理等方面，提出应达到的最基本诚信要求。对建筑市场的执业资格人员（注册建造师等各类注册人员），也要进行诚信行为评价。

另外，要建立起科学、客观、公正的企业信用评估标准和方法，将企业的各种经营行为逐项量化，赋予信用分值；同时根据企业的信用记录合理界定企业的信用等级，为各相关监督部门的信用评定和分类管理提供依据。

5.要有明确的诚信奖惩机制

诚信奖惩机制是诚信体系的重要组成部分，是对守信者进行保护，对失信者进行惩罚，发挥社会监督的约束作用。建设行政主管部门要将诚信建设与招标投标、资质监管、市场稽查、评优评奖等相结合，逐步建立诚信奖惩机制。对于一般失信行为，要对相关单位和人员进行诚信法制教育，促使其知法、懂法、守法；对有严重失信行为的企业和人员，要会同有关部门，采取行政、经济、法律和社会舆论等综合惩治措施，对其依法公布、曝光或予以行政处罚、经济制裁；行为特别恶劣的，要坚决追究失信者的法律责任，提高失信成本。诚信体系建设要注意调动建筑市场各方主体参与的积极性，在招标投标、资质监管、市场稽查、评优评奖等建筑市场监管的各个环节，要研究出台对诚实守信的企业和人员给予鼓励的政策和措施，并加大正面宣传力度，使建筑市场形成诚实光荣和守信受益的良好环境。

6.培育发展独立的信用中介服务机构

推动企业信用管理逐步向“市场运作”方向过渡，目前要不断培育和发展信用中介服务机构，由其专门从事企业信息服务、信用等级评定、企业信用管理工作。信用中介服务机构必须在法律框架内开展工作，坚持公平公正原则，具有独立性，完全按市场化运营。

提倡诚信为本、操守为重的经营方式。一方面要增强企业合同的履约意识，在确保履约的同时维护自己的权益，不要轻易许诺危害企业的各种要求和行为。另一方面要对投标人、担保人、中介机构、业主建立信誉档案，对各方市场主体特别是投标人由于恶意降低报价而在工程施工过程中偷工减料、降低工程质量、拖延工期的行为及时记录在案，并向社会公布，作为评标和确定投标入围的依据。对严重恶意竞争者采取期限不得进入建筑市场参加投标、降低资质等级等处罚。对于业主及中介机构的不良行为也要及时给予公布，促使有关市场主体慎重承诺，认真履行承诺，形成诚实、守信的建筑市场环境。

参 考 文 献

[1] 陈芳芳. 加强建筑工程招投标管理工作的对策[J]. 上海商业，2022（9）：149-151.

[2] 陈静思. 试分析建筑工程造价管理存在的问题及其解决措施[J]. 四川水泥，2016（9）：134+95.

[3] 陈绍林，代文博，冯向阳. 浅谈探究建筑工程招投标阶段的造价控制措施[J]. 建筑与预算，2022（11）：28-30.

[4] 杜鹏，张越. 建筑工程造价管理存在的问题及强化措施[J]. 煤气与热力，2016，36（7）：31-32.

[5] 段媛媛，王启光. 试论新时期如何做好建筑工程造价管理工作[J]. 居舍，2019（12）：130.

[6] 高畅. 浅谈建筑工程造价管理中的问题及解决对策[J]. 城市建设理论研究（电子版），2017（8）：35.

[7] 胡宗霞. 建筑工程招投标代理的质量管理对策[J]. 大众标准化，2022（12）：25-27.

[8] 黄昱然. 浅谈建筑工程造价管理实施中存在的问题及对策[J]. 现代物业（中旬刊），2019（6）：102.

[9] 贾涛. 对建筑工程招投标的有关问题探讨[J]. 居舍，2022（15）：157-159.

[10] 贾翼. 建筑工程招投标阶段的工程造价控制措施[J]. 住宅与房地产，2022（17）：53-57.

[11] 贾运军. 建筑工程造价管理存在的问题及对策探讨[J]. 门窗，2017（8）：65.

[12] 蒋浩翔. 建筑工程造价管理优化策略[J]. 建材与装饰，2020（18）：159-

160.
[13] 李柏扬. 加强建筑工程招投标管理的有效措施分析[J]. 中国建筑金属结构，2022（11）：124-126.
[14] 李冬存. 刍议建筑工程造价管理的困境及解决途径[J]. 纳税，2019（9）：263-264.
[15] 李豆. 建筑工程项目招投标阶段的造价管理分析[J]. 中国建筑装饰装修，2023（5）：139-141.
[16] 李媛. 建筑工程造价管理全过程控制研究[J]. 砖瓦，2023（2）：107-109.
[17] 郦俊伍. 建筑工程造价管理中的全过程控制研究[J]. 陶瓷，2022（10）：134-136.
[18] 鲁忠华. 建筑工程造价管理和控制措施策略分析[J]. 建材与装饰，2020（15）：137-138.
[19] 罗小东. 新形势下建筑工程造价管理研究[J]. 居舍，2021（27）：147-148.
[20] 梅崇康. 建筑工程招投标与合同管理的问题与对策[J]. 居舍，2022（18）：146-149.
[21] 宁再利. 探讨建筑工程造价管理的困境及改进措施[J]. 四川建材，2021，47（3）：205-206+229.
[22] 史育抒欣. 建筑工程招投标管理的风险及控制措施[J]. 大众标准化，2022（18）：67-69.
[23] 孙敬. 基于全过程的建筑工程造价管理探析[J]. 居业，2022（7）：121-123.
[24] 孙倩. 关于建筑工程招投标阶段造价控制路径探究[J]. 财经界，2022（28）：63-65.
[25] 田宁. 浅谈建筑工程造价管理的影响要素与成本管控策略[J]. 房地产世界，2022（7）：86-88.
[26] 王爱锋. 浅谈房屋建筑工程造价管理中存在的问题及对策[J]. 居舍，2020（14）：146.

[27] 王琦. 建筑工程招投标中的清标工作研究[J]. 住宅与房地产，2022（13）：70-72.
[28] 王田田. 探索建筑工程招投标中合同管理的优化路径[J]. 商讯，2022（26）：163-166.
[29] 王志芳. 有效控制建筑工程造价管理的方法探析[J]. 房地产世界，2021，（20）：111-113.
[30] 吴芳. 建筑工程造价管理的问题及解决措施[J]. 砖瓦，2022（1）：119-120.
[31] 吴丽芳. 建筑安装工程招投标过程中工程造价管理创新[J]. 四川水泥，2018（4）：205.
[32] 吴秀婷. 建筑工程招投标中常见问题和对策[J]. 石材，2022（11）：74-76+89.
[33] 谢函含. 基于新时期下建筑工程造价管理存在的问题及对策[J]. 佳木斯职业学院学报，2017（10）：465-466.
[34] 姚晓. 基于建筑工程造价管理及控制的研究[J]. 经济研究导刊，2017（1）：101-102.
[35] 姚元朝，胡琼静. 建筑工程招投标管理工作问题及对策分析[J]. 四川建材，2022，48（11）：200-201+217.
[36] 尹彩凤，徐国民. 加强建筑工程造价管理的措施[J]. 中国城市经济，2011（24）：307.
[37] 袁咸亮. 建筑工程造价管理中存在的问题以及对策分析[J]. 城市建设理论研究（电子版），2017（25）：51.
[38] 翟扬. 对建筑工程招投标及评标方法的思考[J]. 中国招标，2022（5）：219-220.
[39] 詹少彬. 建筑工程招投标中的风险管理措施研究[J]. 工程技术研究，2022，7（24）：107-109.
[40] 张衡. 建筑工程造价招投标的管理[J]. 智库时代，2018（38）：66+68.

[41] 张静. 我国建筑工程招投标发展特点及管理措施[J]. 中国招标，2022（5）：221-222.

[42] 张谋养. 建筑工程造价管理中一些问题分析[J]. 科技资讯，2015，13（11）：127.

[43] 赵存风. 建筑工程造价管理中存在的问题及完善措施[J]. 山西建筑，2017，43（11）：224-226.

[44] 周波. 建筑工程招投标阶段工程造价控制管理探析[J]. 中国招标，2022（12）：149-150.

[45] 朱丽娟. 探讨建筑工程造价管理的困境及解决途径[J]. 居舍，2019（33）：161.

[46] 朱孝楷. 浅谈建筑工程招投标阶段工程造价控制管理策略[J]. 低碳世界，2022，12（12）：175-177.